DJ鉄ぶらブックス 016

電車の進歩細見
～ようこそ。電車の発達史へ～

ロードレーサーバイクを思わせるデザインのJR四国7200系新型台車"efWING®" 2016.5（交）

電車の進歩細見
~ようこそ。電車の発達史へ~

CONTENTS

簡易年表インデックス …… 4

[プロローグ]
日本の電車の誕生　~それは上野公園からはじまった~ …… 6

車体の進化　12
- 電車体の素材　~木製車体から鋼製車体へ~　14
- 地下鉄道車両の登場　~東洋初の技術が開花した~　16
- ボディマウント構造の功罪　~卵の殻の強さに学んだ~　18
- 国鉄新性能通勤形電車の登場　~日本の電車史に燦然と輝く~　20
- 本格的な特急電車の登場　~"優等列車=客車"の時代が終焉~　22
- 日本初、ステンレス車体へ　~錆びない電車の系譜~　24
- オールアルミ車両の歴史　~軽くて丈夫なアルミ合金~　26
- 初の片側5扉車　京阪電気鉄道5000系　~通勤事情にあわせたアイデア~　28
- 案内軌条式鉄道の登場　~札幌市交通局1000形と2000形~　30
- 日本初の超低床電車の誕生　~熊本市交通局9700形~　32
- 国産完全超低床車両　~路面電車の復権に貢献~　34
- "スーパーレールカーゴ"登場　~世界初の特急コンテナ電車~　36
- 日本初の磁気浮上式鉄道　~愛知高速交通100形~　38
- 営業最高速度記録時速320キロ　~E5系H5系新幹線~　40
- 超電導リニア　~磁気浮上式鉄道の開発と実践~　42

技術の進歩　44
- 集電装置の黎明期　~トロリーポールからビューゲルへ~　46
- ボギー台車　~鉄道車両の高速化・安定化の立役者~　48
- パンタグラフの進化　~菱形からシングルアームへ~　50
- 吊り掛け駆動　~ギアの唸る音が旅愁をそそる~　52
- 日本の連接車　~その発達と今後の展望~　54
- カルダン駆動とWN駆動　~電動機の力をいかに車軸に伝えるか~　56

サインカーブも眩しい営団地下鉄300形　～当時の最新技術を取り入れた～…………	58
空気ばね台車　～乗り心地と安定性を飛躍的に向上させた～…………………………	60
国鉄401・421系　～初の交直両用電車の誕生と現状～………………………………	62
国鉄711系の登場から引退まで　～日本初の量産近郊形交流電車～…………………	64
営団地下鉄6000系　～世界初の電機子チョッパ制御電車～…………………………	66
ワンハンドル式マスコン　～T字型のハンドル1本で操作～…………………………	68
量産型振り子式車両の登場　～乗り心地を犠牲にせずにカーブをより速く～………	70
神戸新交通8000形　～初のATO＝無人自動運転の実用化～…………………………	72
ボルスタレス台車の登場　～いまや鉄道車両の主流に～………………………………	74
熊本市交通局8200形　～日本初のVVVFインバータ制御車～………………………	76
大阪市交通局70系　～鉄輪式リニアモータ方式の採用～……………………………	78
プラグドアの開発と発展　～ピタッと車体に納まる客用扉～…………………………	80
山形新幹線400系　～複電圧車両の登場～……………………………………………	82
新京成電鉄8900形　～純電気ブレーキの導入～………………………………………	84
車体傾斜システム　～振り子式車両の効能をさらに突き詰めた～……………………	86
通勤電車の操舵台車　～東京地下鉄1000系で本格的に採用～………………………	88

快適な旅の設備　90

電車の客室内にテレビを設置　～"昭和三種の神器"といわれたアイテムのひとつ～…	92
2階建て電車　～観光から大量輸送まで～………………………………………………	94
名古屋鉄道7000系"パノラマカー"　～日本初の前面展望車に搭載された安全装置～	96
寝台電車の移り変わり　～"日も夜も"からラグジュアリー性の向上へ～……………	98
国鉄クロ157-1　～究極に特別な電車～………………………………………………	100
京王帝都電鉄5000系　～いまや当たり前の通勤電車に冷房車～……………………	102
食堂車の栄枯盛衰　～かつて長距離鉄道旅の楽しみだった～…………………………	104

人に優しい設備　106

車内貫通扉のマジックドア　～昭和30年代は不思議だったのだろうか？～………	108
都電7000形更新車　～路面電車初の車椅子スペース～………………………………	110
車内案内表示装置　～現在ではニュースやコマーシャルも流れる～…………………	112
ロングシートの仕切り　～どこに座れば良いのかわかりやすい～……………………	114
座席転換システム　～車両を2通りに使える画期的システム～………………………	116
LED行先表示器　～写真には写りにくいが省エネ・省部品化に貢献～……………	118
イラスト入りヘッドマーク　～かなり希少になってきた～……………………………	120
LEDイラスト入り行先表示　～乗り物には遊び心が大事～…………………………	122
ハートの吊り手　～殺伐とした通勤風景に一筋の光明～………………………………	124
富山ライトレールTLR0600形　～街に溶け込んだような日本初のLRT～………	126

■ 簡易年表インデックス

西暦	元号	関連事項	掲載頁
1890	明治23	東京上野公園で日本初の電車運転	7・46
1895	明治28	京都電氣鐵道で初の実用電車運転開始	8・47
1898	明治31	名古屋電気鉄道開業	8
1899	明治32	大師電気鉄道開業・山陽鉄道に食堂車登場	8・104
1900	明治33	豊洲電気鉄道開業・小田原馬車鉄道電化	8
1902	明治35	江之島電気鉄道開業	8・47
1903	明治36	東京電車鉄道電車運転開始	8
1904	明治37	甲武鉄道電車運転開始	8
1905	明治38	大師電気鉄道ボギー車を投入（1形）	48
1914	大正3	国鉄デハ6340形パンタグラフを採用	50
1919	大正5	国鉄デハ24300形ボギー車登場	49
1922	大正11	神戸市電気局G車登場	14
1924	大正13	阪神371形の一部にドアエンジンを設置	108
1925	大正14	阪神急行電鉄500形510号車登場	14
1927	昭和2	東京地下鉄道開業	16
1931	昭和6	全鋼製コンテナ登場	36
1934	昭和9	京阪60形「びわこ号」登場	54
1936	昭和11	南海電9形に冷房装置を搭載	102
1942	昭和17	西鉄500形登場	55
1946	昭和21	国鉄モハ63系ジュラルミン車登場	26
1949	昭和24	国鉄食堂車営業再開	105
1952	昭和27	国鉄キハ44000（電気式気動車）に直角カルダン駆動を試験的に採用	56
1953	昭和28	南海鋼索線コ1形登場・東武5700系登場・都電5500形登場	26・57
1954	昭和29	営団丸ノ内線開業 300形登場・京成1600形にテレビを設置・京阪電気鉄道テレビカー導入	17・58・92・93
1955	昭和30	相鉄5000系登場・東急200形登場	18
1956	昭和31	営団丸ノ内線開業 400形登場・京阪1700系1759号車登場	59・60
1957	昭和32	国鉄モハ90形登場・小田急3000形SE車登場・営団丸ノ内線500形登場	20・22・59
1958	昭和33	国鉄20系電車登場・東急5200系登場・近鉄10000系ビスタカー登場	23・24・94・105
1959	昭和34	国鉄チキ5000形コンテナ貨車・近鉄10100系ビスタカー登場・名鉄5500系登場	36・95・102
1960	昭和35	東急6000系登場・山陽電鉄2010形登場・国鉄401・421系登場・国鉄クロ157形登場・国鉄サシ151形登場・東武1720系登場	24・27・63・100・105・108
1961	昭和36	名鉄7000系パノラマカー登場	96
1962	昭和37	東急7000系登場・山陽電鉄2000系アルミ車登場・鉄道技術研究所浮上式鉄道の研究開始	25・27・42
1964	昭和39	東海道新幹線開業（ビュフェ付）	105
1966	昭和41	国鉄301系登場	61
1967	昭和42	国鉄711系900番代登場・国鉄581系登場	64・98
1968	昭和43	営団6000系登場・京王5000系登場	66・103

西暦	元号	関連事項	掲載頁
1969	昭和44	東急8000系登場	68
1970	昭和45	京阪5000系登場・札幌市1000形登場・591系試験車登場	28・30・70
1971	昭和46	札幌市2000形登場	30
1972	昭和47	鉄道技術研究所ML100形有人浮上走行に成功	42
1973	昭和48	国鉄381系登場	71
1975	昭和50	東海道・山陽新幹線に食堂車登場	105
1977	昭和52	都電7000形に車椅子スペースを設置	110
1978	昭和53	東急デハ8400形試作・営団6000系VVVF試験車登場	25・76
1979	昭和54	国鉄201系登場	114
1980	昭和55	新幹線200系登場	19
1981	昭和56	神戸新交通開業8000形登場・営団8000系登場・京都市営10系登場・国鉄185系登場	72・75・111・121
1982	昭和57	熊本市8200形登場	77
1984	昭和59	大阪市20系登場	77
1985	昭和60	100系新幹線に2階建て車両が登場	95
1986	昭和61	東急9000系に座席仕切りを導入	115
1988	昭和63	JR北海道キハ183系ニセコエクスプレス編成登場・JR東日本651系登場	81・119
1989	平成元	JR四国2000系試作車登場（気動車）	81
1990	平成2	大阪市70系登場・JR東海300系試作車登場・JR東日本251系登場・東武100系スペーシア登場	51・78・81
1991	平成3	都営12号線開通	79
1992	平成4	山形新幹線開業・JR東日本209系先行試作車登場	82・115
1993	平成5	新京成8900形登場	85
1996	平成8	近鉄2610系2621編成に座席転換システム導入	117
1997	平成9	熊本市9700形登場・秋田新幹線開業	32・83
1998	平成10	JR東海・JR西日本285系登場	99
2001	平成13	神戸市営海岸線開業	79
2002	平成14	鹿児島市1000形ユートラム登場・JR貨物M250系貨物電車登場	34・36
2005	平成17	広電5100形グリーンムーバーmax登場・愛知高速交通100形登場・福岡市交通局3号線開業	35・38・79
2006	平成18	神戸新交通2000形登場・富山ライトレール発足	73・126
2007	平成19	JR東日本E655系登場	101
2008	平成20	東京メトロ有楽町線10000系導入・横浜市営グリーンライン開業・東武50090系登場	17・79・117
2011	平成23	JR東日本E5系登場	40
2012	平成24	東京メトロ銀座線新1000系導入	17・88
2015	平成27	JR東海L01系で603km/hを記録・仙台市営東西線開業	43・79
2016	平成28	JR北海道H5系登場	41
2017	平成29	西武40000系登場予定	117
2018	平成30	京王5000系登場予定	117

それは上野公園からはじまった
日本の電車の誕生

「第三回内国勧業博覧会」に登場した日本最初の電車　1890　写真：毎日新聞社

　1872（明治5）年に、日本で鉄道が初めて新橋（のちの汐留）〜横浜（現在の桜木町駅付近）間に開業してから、じつに140年以上の月日が流れた。私達の生活様式やそれを取り巻く環境もまったく変わったが、鉄道も時代とともにさまざまな発達を遂げて来た。

　蒸気機関車牽引の客車列車にはじまった普通鉄道、そして、路面電車、地下鉄、新幹線、ケーブルカー、モノレール、新交通システム、リニアモータカーなど、使用目的や地形、環境などに合わせて鉄路は敷設されるため、運転方式や走行方法などの種類はじつに豊富にある。本書ではそのなかでも、電車の分野について経緯を振り返ってみたいと思う。

　動力源に電気を利用して走る鉄道の歴史は意外と古く、ドイツ帝国で1879（明治12）年に開催された「ベルリン工業博覧会」で電気機関車を出品し走行したのが、世界で初めてとされている。早くもこの2年後には博覧会開催地であるベルリンで、路面電車が営業を開始した。

　この時の電車は、現在一般的な架空電車線とレールを利用した給電システムとは異なり、2本のレールを利用して給電を行なう、鉄道模型で使われるような方式だった。

　現在のような架線とレールを利用した方式が誕生するのは、1888（明治21）年の米国リッチモンド市街を走る路面電車からで、1885（明治18）年にアメリカ海軍士官で発明家のフランク・ジュリアン・スプレーグ氏が

神奈川の大師街道を走る大師電気鉄道並等電動車3号車（交）

開発し、スプレーグ式電車と呼ばれた。

　このリッチモンドでの成功によって、ほかの都市でも手間の掛かる馬車鉄道を電車に置き換えることとなり、近代化が図られた。そして、このスプレーグ式が、日本の電車の源流となった。

　日本で最初に電車が走ったのは、1890（明治23）年。東京の上野公園（当時は帝室御料地）で開催された「第三回内国勧業博覧会」において、米国から輸入したスプレーグ式電車が会場内で走行したのが最初だ。

　当時2両が用意され、約300mの区間を博覧会の入場者を乗せて走った。有料での体験乗車だったにもかかわらず、物珍しさもあって好評だったと伝わる。

　「内国勧業博覧会」とは、日本国内の産業を発展させ近代化を促進することを目的として、明治政府が中心となり開催した博覧会で、欧米の万国博覧会を手本に、美術品をはじめ、技術開発品などさまざまな展示がされていた。5回にわたり開催され、場所は第一回から第三回が東京の上野公園、第四回が京都の岡崎公園、第五回が大阪の天王寺今宮だった。

　この「第三回内国勧業博覧会」で走った2両の電車は、大師電気鉄道（現在の京浜急行電鉄大師線）に譲渡されることになる。これは、大師電気鉄道が発注し、準備製造していた電車が開業に間に合わなかったための処置であったようだ。発注した電車が遅ればせながらも配置されるとのちに廃車となり、その

うちの1両が東京市電気局（現在の東京都交通局）で記念車両として保管されることになったが、保管中に第二次世界大戦の空襲に遭い焼失してしまった。日本における初めての電車であったので、非常に残念でならない。

博覧会で好評をもって迎えられた電車が初めて実用化されたのは、1895（明治28）年のことで、京都電氣鐵道（のちの京都市交通局京都市電）七条停車場～下油掛間（のちの伏見線の一部）だった。

車両は木造車体で、東京の井上工場製だが、電気機器は三吉電機工場製と、海外メーカーであるGE（ゼネラル・エレクトリック社）製の2種類が採用された。三吉電機工場は、日本国内において初めて主電動機を製造したことが特筆されるが、まだ故障も多く高速鉄道などで使用するまでには発展はしなかった。

電車運転発祥の地である伏見線であるが、高度経済成長の時代に自動車が増えると、走行に支障を来たすようになり、1978（昭和53）年の京都市電全廃を待たず、ひとあし先の1970（昭和45）年に廃止となってしまった。

京都で路面電車が走り出してから3年後の1898（明治31）年に名古屋電気鉄道（のちの名古屋市交通局名古屋市電）の笹島～県庁前が開業。翌年には大師電気鉄道六郷橋（現在の京急川崎駅と港町駅間に存在した駅）～大師（現在の川崎大師駅）間が開業し、電車の運転を開始した。

川崎大師（真言宗智山派大本山金剛山金乗院平間寺）の参拝客を輸送する目的であったにも関わらず川崎駅を起点としなかったのは、当時川崎駅から参詣客を輸送していた人力車組合が、商売にならなくなると反対運動を起こしたためで、川崎駅まで延伸することになるのは開業から3年後の1902（明治35）年のことだった。

大師電気鉄道開業の翌年には、豊洲電気鉄道（のちの大分交通）が別府～大分間に、1902（明治35）年には江之島電氣鉄道（現在の江ノ島電鉄）が、藤沢～片瀬（現在の江ノ島駅）間を開業し、電車による運転を開始している。その後も土佐電気鉄道（現在のとでん交通）や阪神電気鉄道などが開業し、それぞれ電車による運転を行なってゆく。

また、電車の新規開業のみならず、既存路線を電化し電車を走らせる事業者も少なからず出て来た。1900（明治33）年に小田原馬車鉄道の国府津～小田原～湯本間が電化され電車の運転を開始したほか、1903（明治36）年には、東京馬車鉄道が電化され社名を東京電車鉄道に改め、東京中心部にも電車が走りはじめた。またこの年に、東京市街鉄道の開業、翌年には東京電気鉄道が開業し、計3社がそれぞれ電車を走らせることになった。

1906（明治39）年に、これら3社が合併し東京鉄道株式会社が設立されたが、5年後の1911（明治44）年には東京市に買収され、東京市電気局（現在の東京都交通局）となり市内交通の要となった。

国鉄（現在のJR線）の電化は、1904（明治37）年に甲武鉄道（現在のJR東日本中央線）が飯田町（現在の飯田橋駅付近）～中野間に電車の運転を開始したのが始まりだ。この甲武鉄道で使用を開始した電車デ963形は、4輪単車ながら総括制御と空気ブレーキを装備しており、当時としては最先端技術を採用していた。

当時のブレーキは、運転台にある手動ハンドルを回し、ブレーキシューを車輪に押し当て停止させる手ブレーキが当たり前の時代に、圧縮空気を利用した空気ブレーキを採用したのだ。この画期的な装備により、高速での運転も可能となり、郊外輸送を念頭に入れた電車の先駆けとなったわけだ。

その後も電車が国内各所で走りはじめ、そ

「博物館明治村」でいまも保存されている京都市電　1971.12（交）

の利便性を人々の脳裏に焼き付けていった。利用者が増えると、それまでの４輪単車では車体の拡張にも限界があり輸送力が不足することから、ボギー車（48ページ）が誕生した。これにより電車のみならず客車や気動車を含め現在の鉄道車両の基礎というべきスタイルが確立されていった。

駆動装置は、吊り掛け駆動からカルダン駆動（56ページ）やＷＮ駆動等へ発展し、制御装置も直接制御から間接自動進段、手ブレー

キから空気ブレーキや電気ブレーキなどに進化した。

　閑話休題。運転面や保守面など環境変化はあるものの、運転士による操作方式などを含め、日本初の電車となったスプレーグ式電車のスタイルは、電車の基本になっていることは間違いなく、通常の鉄道においては暫くこのスタイルが継承されることだろう。

　高速鉄道の開業や非電化区間の電化が進み、鉄道といえば電車が当たり前の時代になった。

「鉄道博物館」に保存されているハニフ1 2007.8（学）

　少し前までは、機関車が牽引する客車列車が随分走っていたようだがいまでは殆ど姿を消し、電車は日本国内随所で姿を見られるまでに発展した。

　ただ、地方では残念ながら、採算の合わない鉄道は廃止の対象となり、電車が走る鉄道の総延長距離が増え続けているという訳ではないが、新幹線の開業や都市部での連絡線開業など、これからも日本の鉄道は電車が中心となり活躍していくことは間違いない。

車体の進化

木製車体から鋼製車体へ
電車体の素材

「鉄道博物館」に保存されているナデ6141　2012.10（学）

　1922（大正11）年に製造された神戸市電気局（神戸市電）G車（車号176〜195）は、それまでの木製車体の電車と異なり、鋼製車体で誕生した。このG車は翌年改番が行なわれ201〜220になるのだが、のちに大阪市交通局より転入した200形とは別の電車だ。

　電車が誕生した頃の車体は、調達も容易で加工もしやすかった木材が使用されていたが、ボギー車が普及するにつれ、車体の大型化や高速運転など電車ばかりではなく鉄道を取り巻く環境が大きく変化した。なかでも衝突事故などは、被害が甚大になることが予想されるため、車体の強度を上げる方法として、海外では実用化されていた鋼製車体の製作が日本国内でも始まった。

　その第一号となったのが、冒頭に書いた200形だ。4輪単車ながら鋼製の優秀さが認められ、以後新製される車両は鋼製車体へとシフトされていった。まだこの頃に製造された鋼製車は、車体全てを鋼製としたものではなく屋根や室内などに多くの木材が使用されており、全てが鋼製車体で誕生するのは少しあとのことになる。

　1925（大正14）年には、阪神急行電鉄（現在の阪急電鉄）500形510号車が全鋼製の試作車両で登場した。この車両は強度も上々であったことから、次の600形より全鋼製車体の採用となった。そして阪神急行電鉄に限らず、

鶴見線で活躍した
クモハ12形　大川
1989.4（学）

大正14年製造の阪急600系　出典：『75年のあゆみ《写真篇》』（阪急電鉄刊）

安全性を考えて各事業者が徐々に鋼製車両の導入を進めていくことになる。

　当時、車両メーカーである川崎造船所や田中車輌（現在の近畿車輛）は、積極的に鋼製車体の電車を製造しており、川崎造船所が製造した車両は川造型と呼ばれ、第二次世界大戦後も長く活躍する姿が見られた。

　鋼製車体の誕生が進むなか、製造コストの問題もあり、新製車がすべて全鋼製車体へシフトしたわけではなく、半鋼製車体も並行して製造された。また、木製車体の車両を更新名義で鋼製車体に改造したり、木製車体の一部のみを鋼製に変更したりした車体など、さまざまなバリエーションが生じた。なかには新製名義で、木製車を流用した車両もあった。

　第二次世界大戦により車両製造や開発研究もままならなかったが、戦争が終わると金属の供給も少しずつ回復していき、鋼製車両の製造や研究開発も再開された。

　戦後は、全鋼製が普及し車両製造の中心だったが、軽量化などの研究もすすめられ、戦後航空機産業の禁止で余ったジュラルミンをはじめ、アルミ合金、ステンレスなどの車体も登場し、ここで再び海外の技術を学ぶこととなる。詳しくは、後の項目を参照していただきたくここでは割愛するが、アルミ合金車体とステンレス車体は成功をおさめ、鋼製車体に代わるようになった。

　現在はステンレスが主流となり、どことなく個性に乏しいデザインなのはレイルファンにとって残念だが、規格化による製造コストやメンテナンスのコストを低減させたほか、軽量化により消費電力の低減も図れ、経済的にも優れた電車となっている。

東洋初の技術が開花した
地下鉄道車両の登場

「地下鉄博物館」に保存されている1000形　2015.9（学）

　1927（昭和2）年に開業した東洋初の地下鉄は、現在の東京メトロ銀座線浅草〜上野間で、当時の最新技術の粋を集めた土木建築や保安システム、鋼鉄製の車両などを採用した。これら先進的な技術は、現在でも通用するものであるといわれている。

　開業のために準備された車両は、1000形車両（正式名称「オールスチールド、オーバーラウンドルーフ形、ダブルエンド貫通式ボギー車」）で、東京の地下を走行するために、さまざまなくふうが施されている。

①「全鋼製車体」：当時の電車の車体といえば、素材に木材を用いることが多かった。地下を走る地下鉄車両では、万一の列車火災による被害を最小限に抑えることを目的に、当時から鋼鉄製を採用。それらは、米国から輸入した鋼板を用いて作られた。

②「乗降扉」：客室の乗降扉は、ドアエンジンによる自動開閉が可能で、車掌が一括して操作できるようになった。

③「優美でゴージャスな客室」：地下の暗いトンネル内を走行するため、客室内の照明にもこだわっている。間接照明を採用し、車内にムラなく明かりが灯されている。ほ

1000形の車内
2015.9（学）

「地下鉄博物館」に保存されたターンスタイルの自動改札　2012.8（交）

かにも、スプリング式の吊り手（リコ式吊手）や、床材にリノリウムが採用された。

④「保安装置」「自動列車停止装置」：この装置は、もしも運転士が赤信号を見落とし通過してしまった際、自動的に非常ブレーキがかかる仕組みだ。

構造的にはじつに簡単かつ実用的なものである。赤信号になると、レールの外側に設置されている打ち子（レバー）が起き上がり、電車側のコックに触れ、台車に取り付けられているブレーキ管を解放して停めるというものだ。

このように、安全に対する考え方としてヒューマンエラーを根本的に防止する画期的な方法は、非常に注目を浴びていた。また、その考え方は現在おもに使用されているＡＴＣ（自動列車制御装置）にも引き継がれている。

東京の地下鉄は、上野〜浅草間の開業以降も延伸していくが、戦況悪化の影響もあり、次に新線が開業したのは、1954（昭和29）年の丸ノ内線、池袋〜御茶ノ水間だった。以降、日比谷線、東西線……と続き、最近では副都心線が開業している。そして新線開業のたびに、その時代にあわせた最新技術を盛り込んだハイテク電車が導入されてきた。

2008（平成20）年に有楽町線に導入された10000系は、快適さと使いやすさの向上、リサイクル性や火災への対策強化などが図られており、その機能的なデザインに定評があり、東京メトロの標準車両となっている。のちに登場した東西線15000系、千代田線16000系も同車がベースになっている。

さらに、2012（平成24）年には、地下鉄車両で初めて操舵台車（88ページ）を装着した1000系が銀座線に投入された。これにより曲線時の乗り心地も向上した画期的な車両となっている。

1927年の開業以降、「常に新しい技術を生む」という地下鉄技術者の意志は、現在も、脈々と引き継がれている。

卵の殻の強さに学んだ
ボディマウント構造の功罪

東急玉川線200形　二子玉川　1969.5（学）

　一般の電車は、制御装置やコンプレッサをはじめとした機器類を、車体床下に取り付けているが、ボディマウント構造の場合は、車体を台枠よりさらに下まで包むような一体構造とし、機器類は車体に吊り下げる方式ではなく、車体内部に載せる方式になっている。これにより通常必要な床下機器カバーが省略できるほか、ゴミや雨水の流入を防ぐ効果があり、軽量化も実現できる。

　ただ、保守をする場合、点検扉を開けて内部の機器を取り出さなくてはならないため、手間がかかるという弱点がある。

　1955（昭和30）年に登場した相模鉄道5000系電車は、日本で最初にボディマウント構造を取り入れた高速鉄道車両であり、直角カルダン駆動（56ページ）の高性能電車だった。

　前面は、当時流行した二枚窓の湘南スタイル（国鉄80系電車）で、塗装もそれまでの相模鉄道の車両とは異なり4色を用いるなど、5000系は相鉄の顔として君臨した。

　合計20両が製造され活躍したが、軽量モノコック構造ゆえに冷房改造が難しく、さらにボディマウント構造の欠点でもある保守にかかる手間が敬遠され、早々に除籍されてしまった。

　ボディマウント構造は、1955（昭和30）年

200系新幹線電車
東北新幹線大宮
1999.7（学）

1 相鉄モハ5000形モハ5001　出典：『相鉄50年史』（相模鉄道刊）　**2** 客車のオハフ61を使ったボディマウント構造車両の耐雪実験　1973.1（交）

　登場の通称ペコちゃん、東京急行電鉄200形にも、路面電車ながら採用されたほか、1957（昭和32）年登場の名古屋市交通局100形でも採用されたが、のちに登場する形式には採用されていない。空力特性やバラストの巻き上げなどによる床下機器の損傷を未然に防ぐなどメリットがあるものの、やはり保守に手間が掛かるという欠点があり、一般の鉄道車両には普及しなかった。

　しかし、この空力特性の良さや床下機器がすっぽり収まる構造は、豪雪地帯を走る新幹線には適した構造で、1969（昭和44）年に951形や961形で試験を繰り返し、東北・上越新幹線開業用に製造された200系で本格的に採用されることになる。

　新幹線の元祖0系では、米原付近での雪害で苦労したのだが、東北・上越新幹線では、両線ともに雪の多い区間を高速走行することから、このボディマウント構造はじつに理に適っていたわけだ。

　200系の場合、床下に機器台枠を設け、そこに装置を取り付けてから車体に収める方式とし、点検の際は、車体を上げてこの機器台枠を取り外して検査を行なう。雪害対策には効果的だったが、床下カバーの改良により、その後の車両には採用されなかった。E5系などの新幹線は、床下機器がすべて覆われているが、これはボディマウント方式ではなく、吊り下げた機器をカバーで覆っている方式だ。

　200系は、合計700両が製造され、長期にわたり活躍を続けたが、2013（平成25）年に惜しまれつつ引退した。さいたま市大宮区にある「鉄道博物館」では、先頭車両である222-35号車が保存されており、間近で見ることが可能だ。ボディマウント構造がわかるように、車両下部からのぞけるように展示されているので、是非現物を目にするとよい。

日本の電車史に燦然と輝く
国鉄新性能通勤形電車の登場

101系中央線快速電車　東中野〜中野　1982.4（学）

　昭和30年代当時の国鉄通勤電車といえば、半鋼体車両のこげ茶色（ぶどう色）の車体が多かった。そんな時代の1957（昭和32）年に、オレンジバーミリオンの明るい塗装をまとった通勤電車がお目見えした。車両は、モハ90形（のちの101系）20m級鋼製車体。客室扉は、乗降時間の短縮を目的に、国鉄では試作車のサハ75021以来初めて本格的な片面4扉1300㎜幅の両開き式で、100kWのモータを装備し、駆動方式は中空軸平行カルダンが採用された。

　国電はそれまで、モータを輪軸に直接吊り掛ける「吊り掛け駆動」方式を採用していたが、このモハ90形では、台車枠に平行に取り付ける「中空軸平行カルダン」方式としたため、モータの小型化や高速化も実現した。また、これまでの電車は1M方式が主体だったが、機器を分散配置したMM'の2M方式とし、1台の制御器で2両8個のモータが制御できるため、効率化も図られた。

　これらの新技術を採用した電車は「国鉄新性能電車」と呼ばれるようなり、その後に登場する特急や急行型電車の基礎を築いた。

　モハ90形は、中央急行（現在の快速）に導入され、高加速・高減速を目的に8＋2の10両全電動車編成で運転を開始した。運転当時は朝のみ10両編成で、日中は8両編成での運転とし、車両の増備が進むにつれ、運転本数も増えていった。モハ90形の評判は良くオレ

秩父鉄道に移り活躍した101系 本線永田〜小前田 2007.10.21（学）

関西方面にも投入されたモハ90形試作編成 1957.6（交）

ンジ色の車体から、当時丸の内に通うOLからは「金魚」の愛称で呼ばれるほどだったという。

このようにオール電動車で運転が開始されたが、車両が増えるに従い変電所の容量が追い付かず、1958（昭和33）年には、附随車のサハ98が大量に新製され、8両編成は6M2T編成に変わった。

モハ90形は、1959（昭和34）年に、国鉄の電車関係の車両称号改定が行なわれた際、おなじみの101系に改名される。

101系はその後、大阪環状線、山手線（最初はカナリア色を採用）と導入線区を広げ、国電を代表する形式へと育っていくが、1963（昭和38）年に103系が誕生すると、徐々に主役の座を明け渡すこととなる。ただ、103系の増備が行なわれる最中も、101系は1969（昭和44）年まで製造が続けられている。これは、当時の国鉄に同一路線は1形式でそろえたいとの思惑があり、中央、総武、大阪環状線は所要両数に達するまで101系が投入された。

しかし、名車101系も1980年代になると、新時代の201系や205系などの登場で、押し出されるように引退していった。そのなかで1985（昭和60）〜1989（平成元）年にかけて、秩父鉄道に譲渡された車両があり、2014（平成26）年まで秩父の山里にその雄姿を見ることができた。

"優等列車＝客車"の時代が終焉
本格的な特急電車の登場

海老名検車区に保存されている小田急3000形　大野検車区　1995.3（学）

　戦後、本格的な特急型電車が真っ先に登場したのは、1957（昭和32）年に小田急電鉄が開発した軽量・連接構造の特急用車両3000形で、「Super Express」の略「ＳＥ」のネーミングで呼ばれた。

　3000形の登場時、戦後の復興もひと息つき、行楽客の増加で、小田急線内では、新宿と箱根湯本を結ぶ特急列車のスピードアップが要求されていた。当時の軌道や変電所などの設備のまま旧型の電車を使っていたのでは、輸送力増強の声に応えることは難しく、軽量で高性能な新型特急の開発が進められた。

　その解決策として開発された3000形は、高速運転を実現するため、8両編成の連接構造が採用された。また、超軽量、低重心などの高速運転に必要な機構を取り入れ、運転台に曲面ガラスを配した美しい流線型は、速度向上に必要な設計とはいえ、当時の鉄道車両のデザインとして斬新なものだった。

　1957（昭和32）年9月には、国鉄の協力により高速運転試験が行なわれ、東海道本線の三島〜沼津間で、狭軌としては世界最高の時速145km/hを記録。当時の国鉄においても、のちの特急151系や０系新幹線の開発に繋がる貴重なデータを採取することができた。

　当時の長距離列車といえば、機関車が客車を牽引するかたち（いわゆる動力集中方式）が主体であったが、これを電車（動力分散方

"さよなら運転"の愛称板を付けて運転された急行「あさぎり」 小田原線足柄〜御殿場 1991.3 (学)

国鉄151系（モハ20系）を使用した特急「富士」 東京駅 1962.5 (交)

式）にすることで、軽量化によるスピードアップはもとより、折返しの際の機関車付替え作業などが無くなり、効率的な運転を可能とした。日本のような狭い国土での高密度運転に適した考えが認められ、この3000形の登場以降、特急型電車が次々と登場する。

東海道本線で、小田急3000形が高速試験を行なってわずか1年後の1958（昭和33）年9月、国鉄初の特急電車20系（のちの151系）が登場した。

登場の背景には、東海道本線の輸送量が逼迫し、特急の増発が望まれたことがある。従来の特急「はと」「つばめ」よりも速達性があり、日帰り出張を可能にする目標があった

からだ。

「ビジネス特急」というネーミングでデビューした20系は、力強いボンネットスタイルで優美な赤い帯をまとった車体が注目を集めた。名称を「こだま」とし、東京〜大阪（神戸）間で営業を開始した。そして東海道新幹線が開業するまで、東海道本線の代表列車として、活躍することになった。

151系は、出力アップと抑速ブレーキの改造を受け181系に編入され、「とき」や「あずさ」などで活躍したが、1982（昭和57）年までに引退をした。いっぽう小田急3000形は、その後5両編成となり、1991（平成3）年まで活躍した。

錆びない電車の系譜
日本初、ステンレス車体へ

総合車両製作所の構内に保存されている東急5200系　2008.8（学）

●日本初のステンレス車両

　日本で初めてステンレス車が登場したのは、1958（昭和33）年のこと。東京急行電鉄（以下東急と記す）の5200系が最初だ。5200系は、当時、同系会社の車両製造部門である東急車輛製造が製造した。

　名車として知られる『青ガエル』こと5000系（1954年に登場）の足回りをベースとして、普通鋼の骨組みに、外板をステンレスとしたいわゆるセミステンレス車だった。

　車両全長は、5000系が18.5mなのに対し、5200系は0.5m短い18mであった。自重は普通鋼ながら、モノコック構造の5000系は軽量であったためか、セミステンレス車の5200系のほうがわずかに重い結果となってしまった。

　しかし、外板のステンレス化によって、無塗装で済むなどメンテナンス面ではメリットも多く、以後の東急では、ステンレス車を積極的に導入した。

　5200系は、登場時3両が製造され、翌年に中間電動車を1両製造し、合計4両となった。まだ試作的な要素もあり、この4両で製造は終了し、1960（昭和35）年から新系列である6000系の製造へ移った。1986（昭和61）年、東急を引退した一部の5200系は上田交通（現・上田電鉄）に譲渡されたが、1993（平成5）年に上田交通でも役目を終え、デハ5201は古巣の東急に里帰りしたのち、東急車

山陽電気鉄道2000系5次車(第2次ステンレスカー) 1988.2 (学)

輛(現・総合車両製作所)で保存され現在に至っている。

なお、日本初のステンレス車という功績から、日本機械学会による機械遺産認定(2012年度)を受けている。

●日本初のオールステンレス車

東急5200系で幕を開けた日本のステンレス車両であるが、その後、日本国有鉄道サロ95900や阪神電鉄5201形、岳南鉄道モハ1105、茨城交通ケハ601(気動車)、東急6000系などが製造されたが、いずれもセミステンレス構造であり、まだ大幅な軽量化には至ってはなかった。

そうしたなか、ステンレス車体では先駆となる米国のバッド社と東急車輛が技術提携し、それまで難関であったステンレスどうしのスポット溶接技術や、従来のステンレス鋼より強度の高い高抗張力ステンレス鋼の採用などにより、日本でもオールステンレス車を製造することが可能となった。

そして1962(昭和37)年、東急7000系が、日本初のオールステンレス車として登場した。1966(昭和41)年までに、134両が製造され、東横線、大井町線、田園都市線などで活躍し

大井町線からは引退した東急8090系　2011.4.9(学)

たが、一部は7700系に改造されたほか、地方私鉄へも譲渡された。

●軽量ステンレス車両へ

1978(昭和53)年、東急車輛では独自の開発による軽量ステンレスカー、デハ8400形2両を試作した。コンピューターによる立体解析手法で、従来のステンレス車よりも2t軽減され、鋼体重量も6t以下となり、アルミ車両に匹敵する重量となった。

外観も、これまで強度を保つためのコルゲーション板から、ビード加工平板に変更し、スッキリとしたスタイルとなった。

東急8090系から本格採用し、現在はJRや私鉄の各車両にも普及している。

軽くて丈夫なアルミ合金
オールアルミ車両の歴史

山陽電気鉄道2000系4次車（アルミカー）　本線須磨寺　1981.7（学）

　アルミ合金車両（以下アルミ車両）は、現在では新幹線をはじめ、ステンレスと同様に数々の事業者が導入している。長寿命かつ軽量でメンテナンスフリーの車体といわれているので、事業者にとって大きな魅力といえよう。

　では、日本におけるアルミ車の誕生は……じつはジュラルミン車両も、アルミの一種なので、少しだけこちらから紹介させていただく。

　1946（昭和21）年、それまで普通鋼を使用していた日本国有鉄道モハ63系電車の外板に、ジュラルミンを使用した車両が、川崎車輌（現在の川崎重工業）により、6両製造された。

ジュラルミンはアルミニウムに銅や亜鉛、マグネシウムなどを混ぜた合金で、戦時中に航空機用に用意され余ったものを、戦後再利用するかたちになった。このほか、日本国有鉄道の客車オロ40の5両でも使用されたが、いずれも試作的な要素が強く、腐食の進行も早かったため、1954（昭和29）年には、普通鋼の車体に改造され、短命に終わった。

　アルミ車としては、1953（昭和28）年に、南海電気鉄道鋼索線コ1形（ケーブルカー）、1960（昭和35）年に、川崎車輌と日本軽金属の共同開発によるタキ8400（私有貨車）が製造されたが、まだこの時点では、通常の旅客鉄道向け車両は製造されていなかった。

相鉄7000系
本線三ツ境〜瀬谷　1996.5.16
（学）

　旅客鉄道向けの車両が誕生するのは、1962（昭和37）年3月のことで、山陽電気鉄道2000系4次車の2012－2505－2013が、日本初のオールアルミ車となる。

　山陽電気鉄道2000系は、鋼製車にはじまり、ステンレス車（セミステンレス）も製造されたが、上記編成3両はアルミ車となった。この2000系では、車体以外にも室内の内張りや床、窓や座席の骨組み、引き戸などにもアルミを多用した。その結果、車体長18mの2000系の重量は、先頭の電動車が32 tほどで（運転室の仕切りや床の波板は除く）、中間の付随車は21 tだった。

　山陽電気鉄道では、1960（昭和35）年にステンレスの外板を持つ特急用車両の2010形が登場しており、この車両と比べて、1両あたり3 tほどの軽量化を実現した。

　なお、川崎車輌は、ジュラルミン車両を含め、アルミ車両を古くから研究しており、西ドイツ（当時）のWMD社との技術提携により、オールアルミ車の製造に成功した。なお、2000系では量産されないものの、以後の山陽電気鉄道では、ステンレス車よりもアルミ車を導入するなど、まさにアルミ車の礎になった車両だった。

元・北陸鉄道6010系電車　大井川鉄道（当時）青部〜崎平　1984.6（学）

三保駅跡に保存されているタキ8400　2016.9（交）

　このほか翌年には、北陸鉄道6010系（日本車両製造）がアルミ車で登場するなど、1960年代は、各車両製造メーカーともども、軽量化やメンテナンスフリーなどの研究に余念がなかったことが窺える。

通勤事情にあわせたアイディア
初の片側5扉車
京阪電気鉄道5000系

京阪5000形（新塗色）　本線野江　2016.4（学）

　ラッシュ時間帯の混雑による遅延防止は、どこの鉄道会社においても重要課題となっている。増発にも限りはあるし、編成両数を増やす場合は、ホームの延長などが必要でありやはり限界がある。

　そこで各事業者では、車両の扉を増やし、旅客の乗降をスピーディーに行なうための試みがなされた。1967（昭和42）年登場の京浜急行電鉄700形は、18m級で扉を片側4つとしたが、1970（昭和45）年に登場した京阪電気鉄道5000系は、さらに画期的な機能を備えていた。

　この5000系は、通常の京阪の車両と同様の19m級の車体長だが、従来は片側3扉であったものを5扉にし、閑散時間帯は2扉を締切り扱いとしたうえ昇降装置で、この位置に座席を配置出来るというユニークな機構を採用したのだ。

　車体はアルミ合金だが塗装されており、従来の京阪電気鉄道のイメージを損ねることの

JR東日本横浜線用
205系6扉車両サハ
204　2001.7（交）

京阪5000形車内　デー
タイムに座席を降ろした
ところ　2013.8（学）

ない措置がとられている。登場当初は、分割が出来るように3両＋4両の7両で2本が5扉車編成だったが、更新工事の際に中間に入る運転台を撤去して3本目以降と同様の7両固定編成になった。2016（平成28）年現在7両固定編成7本が活躍（事故により5554号車は再建造）しており、座席の昇降装置も健在だ。

　この画期的な装置を持つのは京阪電気鉄道5000系が唯一だが、扉を増やす方式は、京王電鉄6000系（20m級5扉）、JR東日本205系、209系、E231系（20m級6扉）、東京急行電鉄5000系（20m級6扉）、帝都高速度交通営団（現・東京メトロ）03系（18m級5扉）、東武鉄道20050系（18m級5扉）などで採用され、ラッシュ時間帯に一定の威力を発揮した。

　これらの車両のなかには、ラッシュ時間帯は座席を壁面に跳ね上げ機械的に鎖錠し、閑散時間帯は鎖錠を解いて座席を利用可能にする方式なども試みられたが、あまり普及しなかった。

　また京王電鉄6000系や京浜急行電鉄700形の場合は、扉配置が通常の車両と異なってしまうので、駅で整列乗車を行なう場合は特殊な乗車位置案内が不可欠であったため、次第に敬遠され姿を消した。

　京阪電気鉄道5000系を除く各多扉車は、閑散時間帯の座席定員の問題があるほか、近年ホームドア設置の際に簡単には対応が出来ないなどの理由により縮小の運命にある。とくにJR東日本などでは、落成から間もない車両が廃車されるなど多扉車も消える運命にあるのかも知れない。

札幌市交通局1000形と2000形
案内軌条式鉄道の登場

札幌市交通資料館に保存された交通局1000形1001（2320） 2014.9（学）

　1971（昭和46）年12月16日、札幌に地下鉄が開業した。それまで日本国内で開業した地下鉄は、すべて鉄輪式の地下鉄であったが、札幌市交通局の地下鉄は案内軌条式によるゴムタイヤで走る地下鉄で、これが日本初の試みだった。

　北の大地北海道に地下鉄が開業した背景には、「札幌オリンピック」（1972《昭和47》年冬季オリンピック）開催があった。その会場間輸送の手段として地下鉄が誕生したのだ。

　案内軌条式鉄道には色々な種類が存在し、新交通システムやガイドウェイバスも含まれ、現在ではおもに大きな都市で、その姿を見ることが出来る。

　この札幌市営地下鉄南北線の場合は、中央に1本の案内軌条を設け、この軌条を走行用のゴムタイヤとは別のゴムタイヤで挟み込み、進路を確保している。

　走行用のゴムタイヤを含め、当時はシステム自体がとても珍しく一般利用者ばかりでなく鉄道業界からも注目される存在だった。雪が多い札幌の地上区間では、案内軌条式は不利かと思われるが、軌条上をシェルターで被うことで積雪の心配も無くなった。

　車両は、1970（昭和45）年に1000形と翌年1971（昭和46）年に2000形が、川崎重工業で製造された。日本初の案内軌条式鉄道ということもあり、1963（昭和38）年頃から札幌市

同1000形1002
(2420)
2014.9（学）

中央に案内軌条を設けた
5000形　南北線澄川
2014.9.24（学）

交通局と川崎重工業の共同により研究が行なわれ、試験車両による試運転を重ねて製造された車両だ。

この1000形と2000形は、北24条～真駒内間の札幌市営地下鉄開業と同時に使用を開始した。この1000形と2000形の違いは、1000形は2両固定編成、2000形は4両固定編成という編成の違いで、実質は同形同性能で混雑時と閑散時で使い分けていた。

利用者も多かったことから、2両で使用されたのは僅かな期間だけであったようで、1000形はのちに2000形に編入され混用されることになる。

麻生延伸開業に備えた1978（昭和53）年まで増備され、編成も8両となり1000形からの編入車を含め160両の2000形が活躍することになる。

札幌市営地下鉄は南北線開業以降、1976（昭和51）年に東西線が、1988（昭和63）年に東豊線が開業している。南北線の第三軌条式集電方式と異なり、いずれも架線集電式を採用し、南北線が直流750Vなのに対して、直流1500Vのため互換性はないが、案内軌条式は踏襲された。

案内軌条式鉄道のパイオニアである1000形と2000形だが、1995（平成7）年から廃車がはじまり、1999（平成11）年をもって姿を消すことになる。

元1000形の1001号車と1002号車である2000形2320号車と2420号車が、札幌市営地下鉄南北線自衛隊前駅に隣接する交通資料館に静態保存されており、その姿を拝める。

熊本市交通局9700形
日本初の超低床電車の誕生

熊本城を背に走る熊本市交通局9700形　通町筋　2012.7（学）

　日本国内において本格的な超低床電車が登場したのは、1997（平成9）年8月のことで、新潟鐵工所（現・新潟トランシス）が製作し、熊本市交通局が導入した9700形に始まる。

　9700形は、ドイツのアドトランツ社製の2車体連接車（1車体1台車）構造を基本に製作された。これは、熊本市交通局の電停の長さやワンマン運転を考慮したうえでの編成になっている。

　特徴的なのは、車軸のついた台車を持たない独立車輪（弾性車輪）を採用したことで、車内の床面を極限まで低くした。

　基本的に鉄道車両は、左右の車輪の間を車軸で繋いでおり、この車軸の高さによって、床面の高さが決まってしまうわけだ。そのため、車軸のない独立車輪方式の台車を開発し、モータが付いたM台車は、電動機や駆動装置を車輪の外側に取り付けた。これによってコンパクト化を実現し、超低床や車内スペースの確保が図られたのだ。

9700形3次車 "パト電車" 健軍町 2012.7（学）

　ほかにも、床面を下げるため、従来床下に設置していたインバータや抵抗器など動力に関わる装置を空調装置とともに屋根上に設置している。編成が短いため、屋根上の面積が少なくなるので、機器の配置にくふうがみられる。

　全長は18m50cm、床面の高さは、わずか36cmというフラットな構造を実現した。乗降口とレールの高さは30cm、電停のホームからはわずか12cmである。また運転台寄りの出入口にはスロープ付きのリフトも装備しており、車椅子を利用したままでの乗降も容易だ。

　ブレーキ系統は、電気・機械式ブレーキで鉄道車両としては珍しく空気圧縮機能を持たない「エアレス方式」を採用している。

　車内は、従来の路面電車のようなロングシートではなく、おもに1人掛け用シートを向き合わせたクロスシートを設け、タイヤハウス上には1人掛けの座席を設置している。また運転台は、モニタ表示装置を採用し、右側にワンハンドル（マスコンハンドル力行・制動を1本で行なえる）を配している。

　9700形は、1997（平成9）年8月1日に、熊本市交通局によって華々しくテープカットが行なわれ、関係各省の招待客を乗せて走り始めた。翌日2日からは、通常の運用に充当している。

　多くの期待を集めてデビューした9700形は、以降登場する国産の超低床電車の開発に大きく影響を与えた電車といえるだろう。

　完全バリアフリーを実現した9700形は、現在5編成が活躍している。これから確実に日本に訪れる超高齢化社会への対策のひとつとして、今後も活躍が期待されている。

路面電車の復権に貢献
国産完全超低床車両

鹿児島市役所前の交通局1000形　2013.3（学）

　超低床電車とは、おもに路面電車が採用している床面が極めて低い車両で、停留所での乗降が段差なく行なえる。この超低床電車は、1997（平成9）年に熊本市交通局で登場した9700形が最初だが、これは国産ではなく、ドイツから空輸されてきた外国製の車両だった。

　超低床電車は、段差がなくベビーカーや車椅子でも乗降が容易なことから評判がよく、国内メーカーにおいても開発が行なわれた。

　国産初の超低床電車は、鹿児島市交通局が2002（平成14）年に導入した1000形（愛称ユートラム）が最初で、アルナ工機（現・アルナ車両）、東芝、住友金属工業（現・新日鐵住金）、東洋電機製造、ナブコ（現・ナブテスコ）において共同開発されたリトルダンサーと呼ばれるシリーズだ。

　特徴的な構造は、超低床化を実現させるために、客室の床を極限まで下げていることだ。また、3連接の車体で両端の運転台に台車を履かせ、中央の客室部分が宙に浮いたフローティング構成になっている。

　運転室がある車体の下に台車が入り、台車自体は左右に振れず、車体ごとに動く構造だ。さらに、通常の電車ならば、床下に設置している電源の制御装置及び空調装置を可能な限りコンパクトにし、屋根上に設置している。

　客室の床高は、地上から33cm。降車口にはスロープを装備し、幼児からお年寄り、ベビ

旧車庫で待機中
2012.7（学）

広島電鉄5100形
宇品線元宇品～広島港　2011.9(学)

　ーカーや車椅子の利用者にもスムーズな乗降を可能とした。

　熊本市交通局に続いて超低床電車を導入したのは、広島電鉄の5000形などがあるが、これもドイツからの輸入電車で、国産の完全超低床電車は、2005（平成17）年に導入した5100形（愛称グリーンムーバーmax）からとなった。

　この車両の開発にあたっては、近畿車輛、三菱重工業、東洋電機製造の３社メーカーと広島電鉄が「Ｕ３プロジェクト」と称して参画した。コンセプトは「ULTIMATE（アルティメート）＝究極の＋URBAN（アーバン）＝都会的＋USER　FRIENDLY（ユーザーフレンドリー）＝お客様にやさしい」という３点を重視した。

　全長は、日本の法規に合わせた30ｍ。５つの車体、３台車の連接構造だ。それぞれの車体は、前位からＡ－Ｃ－Ｅ－Ｄ－Ｂと呼ばれ、台車を履いているのは、Ａ・Ｅ・Ｂ車両で、台車部分は客室内に突出する形で座席部分に収められ、違和感のない構造だ。

　この台車は、国産初の車軸を廃した独立車輪台車を採用している。（台車の部分は三菱重工業が担当した）超低床車両の実現化において鍵となったのはこの台車で、動力を伴うＭ台車の開発に関して、大きなテーマとなった。2001（平成13）年より、メーカー８社（アルナ車両・川崎重工業・近畿車輛・東芝・東洋電機製造・ナブテスコ・日本車両製造・三菱重工業）で研究活動を行なっていた「超低床ＬＲＶ台車技術研究組合」の研究成果をベースに、5100形の台車開発が進められた。

　以降、各車で超低床電車が導入され、路面電車の復権に貢献している。

世界初の特急コンテナ電車
"スーパーレールカーゴ"登場

M250系"スーパーレールカーゴ" 東海道本線大船～藤沢 2016.6（学）

　日本の鉄道コンテナ輸送の歴史は意外と古く、1931（昭和6）年に、全鋼製のコンテナを無蓋車に積載して運んだのが最初だ。その後改良を重ね、輸送の一翼を担ったが、戦時体制が強まると廃止になった。

　現在のコンテナに近い形になるのは、1959（昭和34）年に登場したチキ5000形コンテナ積載貨車（のちのコキ5000）の登場からとなっている。

　この年の11月には、東京（汐留）～大阪（梅田）の両貨物駅を結ぶコンテナ特急「たから号」が誕生し、本格的なコンテナ輸送を開始した。その後徐々に全国に広がりを見せ、じつに多様なコンテナが登場し、現在に至っている。

　東京と大阪は、貨物需要の多い区間であり、おもに夜間多くの貨物列車が設定されている。特急コンテナ列車においても、機関車牽引の場合は東京貨物ターミナルから安治川口の間を約6時間40分で結ぶ状況だった。

　この所要時分を6時間程度にするために、JR貨物において検討開発されたのが、2002（平成14）年に登場した世界初の特急コンテナ電車M250系スーパーレールカーゴだ。

　M250系は電車化によって、最高速度を130Km/hに引き上げられ、約6時間10分で結ぶことを可能にした。そして各種試験を繰り返したのち、2004年（平成16年）3月のダイ

M250系は編成の両端に
電動車を2両ずつ連結する
東海道本線大船〜藤沢
2016.6（学）

コンテナ貨物特急「たから号」（電車ではない）
汐留　1960.1（交）

ヤ改正より正式に運転を開始した。

　M250系は、通常16両編成とし、両端にＭｃ250＋Ｍ251の電動車を置き、中間に付随車のＴ261＋Ｔ260を挟む編成としている。制御方式はＩＧＢＴ－3レベルＰＷＭ方式のＶＶＶＦインバータ制御、主電動機はかご形三相誘導電動機のＦＭＴ130型で、220kWの出力を持ち、編成全体での出力は3520kWある。

　合計42両が製造され、2編成を毎日使用しそれ以外の10両は予備車扱いとなっている。

　電動車は各車両に1個、付随車には各2個の31ftコンテナが積載可能で、運用開始当初より佐川急便の1列車の貸切輸送に使用されており、佐川急便所有のＵ54Ａ3000番代コンテナが使用されている。

　運転区間は、東京貨物ターミナルと安治川口の貨物駅間で、夜間走行であることから、なかなか撮影出来ないレイルファン泣かせの列車でもある。

　世界初の特急コンテナ電車と書いたが、じつはコンテナ電車はこのM250系が初めてではない。試験的ではあったが、M250系が誕生する遥か昔の1960（昭和35）年に国鉄クモハ11を改造してクモヤ22 000と001の2両が誕生した。同車は、5ｔ10ftのコンテナを3個積むことが可能だった。この2両は、新幹線貨物輸送の試験車両で、1年間の実験後は、入換車や配給電車に再改造された。

　M250系も、すでに登場から10数年が経過している。ＪＲ貨物が所有する電車はその特殊性もあり、増備に至っていないのは残念だ。走行環境や積み降ろし設備などの見直しが出来れば、今後の発展も夢ではないかもしれない。

愛知高速交通100形
日本初の磁気浮上式鉄道

愛知高速交通"リニモ"100形　愛・地球博記念公園内の観覧車を背に走る　2014.12（学）

　愛知高速交通東部丘陵線は、愛知県名古屋市交通局・地下鉄東山線の藤が丘と愛知環状鉄道線の八草を結ぶ中量軌道系の輸送システムとして建設された。もともとこの路線は、愛知県名古屋市東部丘陵地域の都市開発に伴い、2008（平成20）年の開業を目標に準備を進めていた。

　しかし、2005（平成17）年に「愛・地球博」を開催することとなり、それにあわせ約3年の工期前倒しが決まった。そのため、会場へのアクセスを目的として、急ピッチで準備と建設が進められ、2005（平成17）年3月6日に開業した。

　最大の特徴として、日本初の磁気浮上式鉄道を採用したため、全国的に話題となり、さまざまなメディアで取り挙げられた。この方式は、軌道に設置しているリニアモータに電流が流れると、車体に取り付けられた「モジュール」（通常の鉄道車両でいう台車部分にあたる場所）から、軌道へ向かって磁気反発力が作用し、車体が6mm浮上し、推進移動をするものである。ちなみにリニアモータとは、普通のモータの回転部分を、軌道に沿って平たく延ばしたようなイメージだ。

終点八草駅にある大がかりな分岐器　2014.12（学）

浮上高さは約6mm
2014.12（学）

　浮上案内用の電磁石コイルと推進制動用のリニアモータ、油圧ブレーキシステムなど車両の走行に必要な機能は、このモジュールに集約されている。1車両に10台が並び、総括制御されている。

　磁気浮上式鉄道の良いところは、①浮上して走行するため、レールの摩擦がなく騒音、振動が少ない。②急勾配や急カーブもスムーズに走行できる。③加速性能に優れている。などがある。

　また、車両が軌道を抱え込むかたちで走行するので、万一、脱線が起きてしまった場合でも、転覆してしまう可能性が極めて低い。このことは、地震の多い日本にとって有利に働く。

　主力車両は100形で、開業当初から合計8本24両が導入され活躍している。なお、3両の固定編成（MC1－M－MC2）で、1編成に244人乗ることが可能だ。車体構造はアルミ製。合金セミモノコック構造だ。車両は浮上することで摩擦がなくなるため、車両基地内で係員が手押しを行ない移動させることもあるという。

　側面の扉は、片側2カ所、車内の腰掛は車両中央部にクロスシート、扉付近にロングシートを配している。ATO自動列車運転装置による自動運転を行なっているため、通常の営業運転時は無人運転が可能だ。ブレーキ制御は、加速時と同様、リニアモータで行なう。しかし、減速5km/hで失効するため、油圧ブレーキで停止するようになっている。

E5系H5系新幹線
営業最高速度記録時速320キロ

H5系はE5系同様、東京〜盛岡間ではE6系「こまち」と併結して時速360キロで運転　大宮　2016.9（学）

　JR東日本E5系新幹線は、東北新幹線（東京〜新青森間）の最速列車「はやぶさ」用に開発された車両で、2011（平成23）年3月5日に誕生した。車内外の騒音や揺れを低減するなどの快適性が向上され、最高速度320km/hの高速運転を実現した。

　それまで営業運転での最高速度は、山陽新幹線の500系による300km/hだったので、20km/hものスピードアップが達成されたわけだ。

　乗り心地の向上については、車体の揺れを感知して左右の振動を低減する「フルアクティブサスペンション」を全車両に設置し、また今まで以上の高速運転も、車体傾斜システムにより空気ばねを効率良く制御できるため、半径4000mの曲線でも320km/hでの走行を可能にしている。

　従来の新幹線車両（E2系）などに比べて、ブレーキ性能もアップした。レールと車輪の粘着力を改良したことによって、320km/hの高速走行時でも、従来の新幹線車両（E2系）などの最高速度（275km/h）と同じ制動距離で停止できる性能を持っている。

　先頭車両の形状は、15mにおよぶロングノーズ形。これは、トンネル突入時の微気圧波や騒音を低減できるように、空気の流れを意識したフォルムになっている。

　車内のインテリアデザインは、「ゆとり」「やさしさ」「あなたの」の3つのキーワード

新幹線高速試験電車
"FASTECH360S"
E954形式アローラ
イン側先頭車
2005.6（交）

をもとに「Exclusive Dream－特別な旅のひとときをあなたに」をデザインコンセプトとして空間を演出。「特別なおもてなし」を提供するため、従来の優等席よりもさらにグレードを上げた「グランクラス」を10号車（新青森・新函館北斗寄り先頭車）に設置している。「グランクラス」は、木質とメタリックな色合いを組み合わせ、和の心を感じる上質なイメージのインテリアだ。本革のシートを贅沢に採用し、ウール絨毯などのハイクラスな素材を使用した快適な空間を作り出している。また、オール電動式のシートによるリクライニングシートは、角度45°の最適なポジションで腰掛けられ、ゆったりとできる。

なお、10両編成の乗車定員は、従来の新幹線車両よりも少ない。これは、先頭形状の変化や優等席（グランクラスやグリーン席）などの座席間隔を広く取っているためだ。編成全体の乗車定員は731名で、10号車のグランクラスにあっては18名しかない。

E5系は、最先端技術を結集し走行性能と信頼性、環境性能、快適性の全てを高いレベルに進化させた新世代の新幹線車両といえる。

2016（平成28）年3月26日には、北海道新

七戸十和田～新青森間を疾走するE5系 2011.11（学）

幹線（新青森～新函館北斗間）が開業。E5系をベースに製造されたH5系が登場し、E5系とともに東京～新函館北斗間を最速4時間2分で結んでいる。

磁気浮上式鉄道の開発と実践
超電導リニア

L0系　山梨リニア実験センター　2013.8（交）

　2016（平成28）年1月、リニア新幹線の起工式が品川駅で行なわれたのは、まだ記憶に新しいところだろう。超電導リニア方式による磁気浮上式鉄道が、実用化に向け本格的な第一歩を踏み出したのだ。

　磁気浮上式鉄道の研究開発は、海外では20世紀初頭から研究されていた。日本国内においては、今までにない新しい浮上鉄道の研究を、1962（昭和37）年に鉄道技術研究所（現在の鉄道総合技術研究所）が中心となり、磁気浮上式鉄道の研究を開始したのが最初である。

　リニアモーターカーの研究開発では、東京〜大阪間を最高速度500km/h、1時間程度で結ぶことを目標に色々な方式のリニアが検討され、独自開発となる超電導電磁石により浮上走行するものとした。

　研究開始から10年後の1972（昭和47）年、折しも鉄道100年を迎えたこの年に鉄道技術研究所においてML100形が有人で浮上走行に成功したのだ。この時の速度は60km/hとまだ高速走行ではないものの有人であり立派な結果を残した。

　そして、鉄道技術研究所内では用地の問題もあり、高速試験にも限界があることから九州の宮崎に実験線を建設した。総延長7kmで、1977（昭和52）年より実験を進めていった。

　1979（昭和54）年には、無人実験車両であ

ダブルカスプ型ＭＬＸ01-1（右）とエアロウェッジ型ＭＬＸ01-2（左） 1996.12.2（学）

鉄道技術研究所（現・鉄道総研）のモノレール式リニアモータカー試作１号機 1964.10（交）

　るＭＬ500形が世界最速である517km/hを記録した。この記録は、1997（平成９）年に山梨実験線で新記録が達成されるまで最高速度記録となった。

　実験車両はそれまで１両でおこなわれていたが、1980（昭和55）年には初めて連結運転が可能なＭＬＵ001形が導入された。1982（昭和57）年まで毎年１両ずつ増備した結果３両編成が可能となり、この形式から初めて編成による実験を行なった。

　1993（平成５）年に導入したＭＬＵ002N形は、２年後の1995（平成７）年に有人で最高速度記録411km/hを記録した。長年にわたり使用されて来た宮崎実験線であったが、1997（平成９）年に山梨へ場所を移し、宮崎実験線での研究を元に、より実用化に向けた実験を開始した。

　宮崎実験線の単線から、山梨実験線は複線となり、すれ違いや隧道突入時の風圧実験なども可能となった。現在では、総延長42.8kmとなり、より高速による実験も可能となっている。2013年度から導入したＬ01系は、先頭４両中間10両が製造され７両編成２本体制で実用的な研究実験をおこない、2015（平成27）年には603km/hという鉄道世界最高速度を記録した。

　現在、2027（平成39）年完成を目標に建設中のリニア中央新幹線は、品川〜名古屋間の暫定開業ではあるが、その速達性は、日本を大きく変えることは間違いないだろう。

技術の進歩

トロリーポールからビューゲルへ
集電装置の黎明期

関西電力黒部ダムトロリーバス　室堂　2015.9（学）

　俗にいう「電車」とは、正式名称「電動客車」の略であり、文字どおり電気の力で動く車両を指す。鉄道車両を、電気の力で走る電気鉄道にするためには、2つの大きな技術革新が必要だった。

　1つは、電気エネルギーを運動エネルギーに転換する技術であり、これは電気モータがそれにあたる。もう1つは、走る車両に電気を供給する技術だ。1835（天保6）年に米国の電気技師トーマス・ダベンポートが製作した模型が、電車の起源とされている。

　しかし、当時の電池によるエネルギー供給は、実際の鉄道車両を動かすには実用性に乏しく、実用化には相応の電力を地上側から車両側に送る技術が電気鉄道には必要だった。その後、第三軌条の源になる例や、鉄道模型のように、2本の線路に直接電気を流す例も考えられた。

　1880（明治13）年には、米国の発明家トーマス・エジソンの助手をしていたフランク・スプレーグが、トロリーポールを介した架空電車線方式を考案し、世界中に広がりをみせた。1890（明治23）年には、東京・上野公園で開催された、「第三回内国勧業博覧会」に

集電装置は押上力9kg
のトロリーポール式
2015.9（学）

　おいて、わが国で初めて電気鉄道の試走行が行なわれ、この時もトロリーポールによる集電で電車が動いていた。

　ところで、トロリーポールをご存じであろうか？　車両の屋根上に設置した棒状（ポール）の尖端に、接触子と呼ばれる滑車状の金属ホイール、若しくは凹型の金具に、架線を滑らせ電気を得る方式だ。

　トロリーポールは構造が簡便で、架線を比較的簡単に架設することができるため、1895（明治28）年に開業した、日本で最初の電車路線である京都電気鉄道でも採用した。これを機にわが国でも電気鉄道が発達してゆくが、構造が簡便な分、追従性の難しさから離線も発生しやすく、分岐器を通過する際には、ポールに取り付けられた引き紐を操作し、進行方向のトロリーに追従させる必要があった。

　こうした弱点を解消するために考案されたのが、ビューゲルである。ビューゲルとは、蠅たたき状の金属枠で出来た集電装置で、接触子部分が横方向に広いため、離線や分岐器などでの煩わしい操作がなくなる。また架線との接触可能部分が多いため、トロリー線に対する押上力をトロリーポールの半分程度まで下げることができ、架線事故の件数を大幅

ビューゲルからZ形パンタグラフに換装された函館市交通局39号車"箱館ハイカラ號"　2014.10（学）

ビューゲル式の都電6000形　1994.4（学）

に減少させた。

　わが国では、1902（明治35）年に江之島電気鉄道（現・江ノ島電鉄）が、ドイツ・シーメンス・ハルスケ社より輸入したのが国内初とされる記録がある。

鉄道車両の高速化・安定化の立役者
ボギー台車

鉄道博物館に保存されている6軸台車　2007.8（交）

　鉄道は開業時、車体に軸箱支持を持たせた2軸車だった。2軸車は、曲線通過時に輪軸の間隔に制約があり、車体を大きくすると、曲がろうとする車輪とレールの曲線中心部を結ぶ線が大きくなり、車体が外にはみ出すオーバーハングが起こり、さらに軌道へも影響を与えてしてしまう。そこで、輪軸の取り付け部分を車体と独立させ、自在に向きを変えることで、安定した走行とスピードアップが得られ、車体も大型化が可能となる。この方式の台車を、ボギー台車と呼び、現在も広く使われている。

　客車のボギー台車化は、1875（明治8）年にイギリスからの輸入車両によりはじまり、明治時代から多くの形式が登場していた。

　電車で初めてボギー台車が使用されたのは、1905（明治38）年に大師電気鉄道（現在の京浜急行電鉄）に投入された1形（1〜10）で、1907（明治40）年まで合計25両が増備された。車体は骨組みから外板まですべて国産の木製が使用されたが、主要機器は輸入品で、台車はペックハム14－B－3型を履いた。この台車は軸距離が短いため、モータを端梁に架装する珍しい方式で、ほかにあまり例のない台車だった。現在この台車は、京急ファインテック久里浜工場で保存されている。

　大師電気鉄道より少し遅れて阪神電気鉄道もボギー電車を投入し、大阪〜三宮間を約60

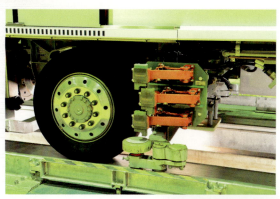

東京都交通局日暮里・舎人ライナー増備車330形の1軸ボギー台車 2015.10（交）

JR四国7200系（121系リニューアル車）の新型台車"efWING®" 2016.5（交）

分で結んだ。官営の蒸気機関車による同区間の所要時分は約90分であったことから、電車の高速性を見せ付ける結果となった。

翌年の1906（明治39）年には、路面電車にもボギー車が誕生し、大量輸送に大きく貢献してゆくことになる。電車による運転でスピードアップも功を奏し、増える旅客に対して連結運転も可能とした連結器付きのボギー電車も誕生した。

ボギー車が続々と誕生していくなか、電装系機器類は依然として海外からの輸入に頼っていた。日本国内メーカーによる主電動機の製造は何度か試みられたが、トラブルも多く本格的な採用には至らなかった。

そこで、海外製の図面を元に開発をおこない、1916（大正5）年に国鉄大井工場において主電動機を完成させ、1919（大正8）年に誕生した国鉄デハ24300形から採用される。

1921（大正10）年からは、国内電機メーカーによる製造もはじまり、日本国内で賄えるまでに進展した。

日本国内での製造が確立されると、ボギー車は鉄道の標準的なスタイルとなり、路面電車をはじめ、新幹線のように高速運転する電車にも採用され現在に至っている。

今後も、より安全に走る鉄道を目指した研究開発が進み、日進月歩進化してゆくことだろう。かつて海外から技術提供を受けていた日本が、海外に鉄道技術を売り込む時代になっても、暫くはボギー車という鉄道のスタンダードは変わらないだろう。

菱形からシングルアームへ
パンタグラフの進化

シングルアームパンタグラフの函館市交通局9602号 "北海道新幹線イメージラッピング"　2014.10（学）

　電車が走り出した頃の集電装置は、トロリーポールが主流で、まだパンタグラフは存在しなかった（46ページ）。トロリーポールは現在でも、博物館明治村で動態保存されている元・京都市電で使用されているほか、立山黒部アルペンルートに運転される2路線の無軌条電車（トロリーバス）では、営業用で唯一トロリーポールを見ることができる。
　トロリーポールは離線し易いうえ、分岐器通過の際は、ポールを、進行側の架線へ誘導する操作が必要である、さらに折返し地点ではポールの向きをかえなくてはならないなどさまざまな問題があった。
　1914（大正3）年12月18日、東京駅の開業を契機に東京〜高島町間で、電車による運転が行なわれることとなり、デハ6340形が製造された。従来の架線電圧が600Vであったのに対し、品川〜高島町間は1200Vと高圧となり、高速運転も行なわれることから、電気機関車ですでに導入されていた菱形のパンタグラフを電車で初めて採用した。
　電車初のパンタグラフは、架線と接触する部分にローラーを用い、摩耗を抑制するローラー式が採用された。しかし、この方式は架

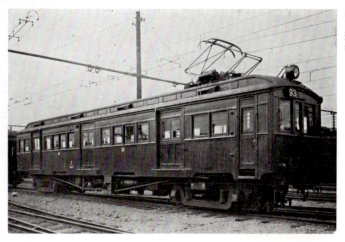

国有鉄道初のパンタグラフを採用したデハ6340形　出典：『車両の80年』(交通博物館刊)

線への追従性が悪く、開業日に離線を起こして祝賀電車が途中で立ち往生してしまった。そのため5カ月間の間、蒸気機関車により代行運転が行なわれた。ローラー式の採用は中止され、シュー式に変更された。

菱形パンタグラフは、その後改良型の下枠交差式が0系新幹線に採用されるなど、幅広く使用されたが、部品点数が少なくメンテナンスが容易なシングルアーム式の開発で、現在はこれが主流となっている。

シングルアーム式パンタグラフの起源は、路面電車でよく見られるZ型パンタグラフで、1955(昭和30)年にフランスのフェブレー社が開発したのが最初で、日本でも同時期に開発が行われ、路面電車に採用された。

現在の姿となった高速電車用のシングルアーム型が本格的に採用されたのは、1990(平成2)年に登場した大阪市交通局の70形が最初だった。それ以前の、1971(昭和46)年に京阪電車でフェブレー社製のものが試験的に使用されたが、フェブレー社が特許を取得していたため普及せず、特許保護期間の切れた1990年以降に国内メーカーで製造が行なわれた経過がある。

このほか、パンタグラフにはビューゲルや

1 シングルアームパンタグラフを備えた大阪市交通局長堀鶴見緑地線用70系　架空電車線方式のリニアモータ駆動　2004.11 (学)　2 遮音板を備えたE6系量産車シングルアームパンタグラフPS209　2012.11 (交)

Y字型ビューゲルなどさまざまな種類が存在する。少し変わったところでは、岡山電気軌道の石津式で、錘を使い重力で架線にシューを押し当てる方式で、菱形を櫓に載せたようなスタイルの独特なパンタグラフとなっている。

ギアの唸る音が旅愁をそそる
吊り掛け駆動

箱根登山鉄道モハ1形　宮ノ下　2014.5（学）

　電車の始祖は1881（明治14）年に、ドイツ・ベルリンの近郊でシーメンス・ハルスケ社が運営したものが、世界初といわれている。

　当時の電車は、モータで発生させた動力を、ワイヤーロープやベルトで動輪軸に伝達していた。大きな出力や負荷が加わると、ワイヤーロープやベルトでは伸びが生じたり、切断が発生したりと、耐久性に難があった。

　その後1886（明治19）年、米国のフランク・スプレイグが、モータの一端を車軸上に載せ、もう一端を台車枠に懸架し、歯車を介してモータの動力を車軸に伝達する方法を考案した。これが現在でいうところの、吊り掛け式と呼ばれる懸架方式だ。

　スプレイグは、この吊り掛け式による駆動装置と、自ら考案した架空電車線方式による給電技術を使い、バージニア州リッチモンドで大型の路面電車の営業運転を開始し大成功

江ノ島電鉄1000形の吊り掛け式モータ　2006.6.23（学）

を収めた。

　この、スプレイグが考案した吊り掛け式は、電動機を輪軸の間にある梁に配置するノーズ・サスペンション式である。これは大型の電車で、軸距に余裕のある台車を有する車両に多く見られる。

　いっぽう、路面電車など軸距を大きく取ることが出来ない車両には、台車の進行方向外側に梁（バー）を設け、電動機の一端を懸架させるバー・サスペンション式がある。吊り掛け式は、構造が簡単で、電動機の歯車が輪軸の歯車に直接載る方式なので、駆動伝達が安定している。

　その半面、歯車からの騒音の発生や、ばね下荷重の重さからの振動などが、高速運転や乗り心地の悪化にまで影響することが問題となった。そのため、その後の技術革新では、今日では極当たり前になっている電動機を台車枠に搭載するカルダン式に代わっている。

　ところで、国内における吊り掛け式の電車の現況だが、路面電車（軌道）では比較的多く残っているいっぽう、普通鉄道においては、大部分が淘汰されてしまった。それでも極わずかに、地方の中小私鉄に残っている絶滅危惧種がある。なかでもとくに去就が注目されているのは、箱根登山鉄道のモハ１形103＋107ことサンナナ編成であろう。

　サンナナは、同社で唯一の吊り掛け式であり、車齢（1950年製）から考えると、そろそろ警戒信号が点灯してもおかしくない頃だ。

　サンナナは吊り掛けだけが売りではなく、制御方式が手動進段であるなど、また吊り掛け台車を共鳴させるほど、強力な電気制動力を有している点も貴重だ。

その発達と今後の展望
日本の連接車

10両連接の小田急50000形"VSE"　小田原線渋沢～新松田　2013.4（学）

　日本で連接車を初めて採用したのは、京阪電気鉄道60形で、1934（昭和9）年のことであった。この連接車は、当時天満橋～浜大津間で使用され、鉄道線と軌道線を直通する列車として運用されるため、異なるホームでの乗降を考慮し、運転台寄りを高い鉄道線、連接寄りを軌道線に合わせた扉とし、ステップも取り付けられた。

　軌道線の接触限界の関係で、クロスシートの設置は出来ずロングシートであったが、特急列車として使用された。また、車体側面に「びわこ」の愛称板が取り付けられていたため、「びわこ号」と呼ばれ親しまれた。

　連接車は、オーバーハングがないため、曲線通過の際に、外側へのはみ出しが少ないので、急曲線にも強く規格の異なる鉄道線と軌道線を直通するには適している。また車両間において、連結器が省略でき、台車数が減らせるため、騒音や経費の低減にもつながる。

　日本車輛製造で、61～63の3本が製造され、1970（昭和45）年に最後の1本となった63号の引退で長い歴史に幕を閉じたが、最後まで残った63号は保存され、今もその姿を見ることが可能だ。

京阪60形「びわこ」号　出典:『京阪百年のあゆみ』(京阪電気鉄道刊)

　京阪電気鉄道60形は、軌道線の印象が強いが、高速鉄道においても連接車は古くから登場していた。西日本鉄道では1942(昭和17)年に500形を製造し、翌年から営業を開始している。2両編成2本が製造され、急行(現在の特急)の運用に使用するため、車内はクロスシートであったが、のちにロングシートに改められた。1948(昭和23)年には中間にサハを新製し3両固定編成となったが、1974(昭和49)年に運用を終了した。

　また、小田急電鉄の3000形ロマンスカーは、この西日本鉄道500形の連接構造を参考にしたといわれ、技術的にも先進的であったといえよう。

　このように連接車は、軌道線や鉄道線に限らず採用され、現在でも小田急電鉄の7000形や50000形ロマンスカー、江ノ島電鉄、東京急行電鉄世田谷線、福井鉄道などいくつかの路線で、目にすることが出来る。

　なかでも江ノ島電鉄300形は、元はボギー車2両を連接化したものであり、似た例は過去には、福井鉄道160形や鹿児島市交通局700形なども存在したが、現在はこの江ノ島電鉄300形が唯一となった。

　現在でも見ることができる連接車だが、軌道線においては、1990年代に入ると連接車か

❶急曲線で威力を発揮する江ノ島電鉄500形(2代目) 2013.9 (学)　❷クモハ591系高速運転用試作車のDT96連接台車　1970.3 (交)

ら、連結部分に台車を持たない連節構造のLRV(ライトレール車両)に移行され、今後は登場の機会が少ないように思う。

　車両の標準化が進む現在、連接車の長所を生かした新しい電車が今後登場するのは、江ノ島電鉄など、連接車に実績を持つ社局に限られるだろう。

電動機の力をいかに車軸に伝えるか
カルダン駆動とWN駆動

東武鉄道5700系　日光線下今市　1981.11（学）

　戦後の鉄道近代化は、車両の復興を最優先に進められ、海外の技術を手本にした高性能、軽量化車両が、車両製造会社と鉄道事業者の協力で研究が行なわれた。
　そうしたなか、1952（昭和27）年、意外にも電車ではなく日本国有鉄道の気動車キハ44000に、まだ試験的ではあるが直角カルダン駆動が採用された。
　カルダン駆動とは、主電動機（モータ）を台車枠に固定し、自在継手（ユニバーサルジョイント）を介して、回転を車軸に伝達する駆動方式のことで、それまでは、主電動機（モータ）の回転力を歯車で直接伝える、吊り掛け駆動方式だった。

　吊り掛け駆動では、歯車の大きさなどから、回転数を高くするには限界があったが、カルダン駆動なら回転数の高い小型モータも容易に搭載ができるようになった。
　カルダン駆動は、電車のモータにかかわる駆動方式で、気動車とは無縁の存在だが、キハ44000は、電気式気動車（エンジンで発電機を回し電動機に電気を流す方式）であったため、電動機を搭載しており、カルダン駆動となったわけだ。キハ44000にあっては、思った以上の出力が得られないなどの理由により、のちには液体式変速機の気動車に改造された。
　ただ、カルダン駆動については、一定の成

元カルダン駆動車だったモハ5705　日光線下今市　1981.11（学）

果があったため、翌年1953（昭和28）年になると、次々と高性能電車の登場となる。

　最初に登場したのは東武鉄道5700系で、吊り掛け駆動も製造されたが、5720番代の２両編成２本が直角カルダン駆動（東芝製）となった。特急列車で活躍したが、後継の1700系が登場すると、5700系は徐々に格下げされ、カルダン駆動車はほかの5700系に合わせて、吊り掛け駆動に改造されている。

　この東武鉄道5700系登場のすぐあとには、京阪電気鉄道の1800系が登場し、こちらは中空軸平行カルダン駆動（東洋電機製造）とWN駆動（住友金属工業）の２種類が採用され、実用・比較検討がなされた結果、量産に際し中空軸平行カルダン駆動が導入された。

　カルダン駆動は、主電動機（モータ）の取り付け位置や、自在継手の伝達方式により呼び名が異なる。平行カルダンは車軸に平行に、直角カルダンは直角にモータを取り付けるかたちで、直角カルダンでは直角の歯車装置を使用する。中空軸平行カルダンは、モータの駆動軸を中空構造とし、たわみ板継手で伝達する。WN（Westinghouse-Natal）駆動はモータの軸にWN継手を接続する方法だ。

　その後は、帝都高速度交通営団の1400形や、その結果を元に造られた丸ノ内線300形、また、路面電車にも採用する兆しが現れ、1953（昭和28）年東京都交通局5500形や大阪市交通局3000形などが登場した。

　なお、カルダンとは、自在継手の「カルダンジョイント」を最初に考案したイタリアの数学者「ジェロラモ　カルダーノ」の名前に由来する。

当時の最新技術を取り入れた
サインカーブも眩しい営団地下鉄300形

「地下鉄博物館」に保存された営団地下鉄300形　2015.9（学）

　第二次世界大戦後、東京で初めて開業した地下鉄路線が、営団地下鉄（現・東京メトロ）丸ノ内線で、1954（昭和29）年1月20日に最初の区間池袋～御茶ノ水間が開業した。

　車両は、当時の最新技術を取り入れた300形。この時代の電車といえば、単色系の色合いが多かったのに対し、この300形は、真っ赤な車体に太い白ラインを施し、その中に波線状（サイン・コサインカーブ）のステンレス製飾り帯を巻いた斬新なもので、「赤い地下鉄」として親しまれた。

　デザインは、当時の営団総裁が海外視察の際に目にした、英国製の煙草（BEN-SON&HEDGES）の缶箱とロンドンバスをヒントに、東京芸術大学にデザインを依頼したともいわれている。

　車両のデザインはもとより、技術的にも評価が高く、駆動装置はWN継ぎ手を使った平行カルダン方式とし、我が国初の電磁直通ブレーキも装備された。これは、ブレーキ指令

1954年1月の丸ノ内線池袋〜御茶ノ水開通にあわせて製作された 1953（交）

に電気を使い、ブレーキハンドルの角度により、電磁弁が空気を込めたりゆるめたりの動作を行なうことで、求める強さの空気を素早く得られる特長がある。ニューヨーク地下鉄の車両に導入されている米国の技術で、当時の三菱電機がライセンス契約を行ない、国産化したものだ。まさに、「高性能電車の夜明け」といえる車両だった。

車体は、1300㎜幅の両開き扉を日本で初めて本格的に導入し、さらに丸ノ内線が地上区間を走ることから、側窓をワイドに、戸袋窓も取り付けられた。また、室内の換気用に天井にはファンデリア®が6台も設置されていたうえ、外気を取り入れるためにダブルルーフ風の屋根構造になっていた。

当初は、2両〜3両編成と短い編成で運転されていたが、1956（昭和31）に御茶ノ水〜淡路町間、東京までの開業と路線延長を行なった際、300形をマイナーチェンジした400形を増備させた。また、1957（昭和32）年の東京〜西銀座（現在の銀座）開業の際には、これまで両運転台車両だった規格を片運転台とした500形も製作された。

500形は、「赤い電車」が全車引退する1996（平成8）年まで、編成の先頭に立ち、その

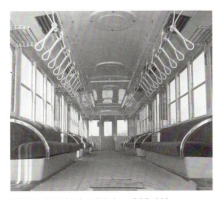

特徴的な吊り手のある客室内　1953（交）

勇姿を魅せてくれた。

現在の「赤い電車」は、末期に残った131両が、アルゼンチン・ブエノスアイレスのメトロビアス社へ譲渡され、異国の地で活躍をしている。なお、2016（平成28）年にはこのうちの4両が、東京メトロに里帰りを果たした。今後は、保存車両として整備される予定で、動く姿も期待できそうだ。

なお、300形の第1号車（301号車）は、東京都江戸川区葛西の「地下鉄博物館」で、銀座線で活躍した1000形（1001号車）とともに静態保存されており、当時の貴重な姿を拝むことができる。

乗り心地と安定性を飛躍的に向上させた
空気ばね台車

京阪1900系（元1810系） 1981.7（学）

　ボギー台車は、前後の軸箱を吊り合い梁で連結し、軸箱の中心側にばねを設けていた。この方式だと、線路の上下変位に対して軸箱は追従するが、台車枠への振動は吸収できないため、車両の乗り心地も悪かった。その後、軸箱上にばねを設ける方式や、軸箱左右にバネを置くウィングばね構造、リンク機構で軸箱を支えるアルストム式、板ばねで軸箱を支えるＳ形ミンデン式などが登場した。

　そして、台車の改良は空気ばねへと発展する。日本初の空気ばね台車は、1956（昭和31）年に京阪電気鉄道1700系1759号車で、試験的に汽車會社製のＫＳ－50形空気ばね台車を採用したのが始まりだ。

　この台車は、ウィング式の軸ばねを空気ばねとした構造で、大変乗り心地が良好であることから、のちに登場する特急車1810系の増備車より同じく汽車會社製ＫＳ－51形台車で本格的な採用となった。この台車はＫＳ－50と異なり、上揺れ枕と下揺れ枕の間にベローズ式空気ばねを挟む構造としており、中空軸平行カルダン駆動に対応している。

　この空気ばね台車であったことが幸いしてか、1810系はのちに1900系に編入され、暫く

東海道・山陽新幹線N700Aの台車　両側の丸いものが空気が入るダイヤフラム　2012.8（交）

特急の座を得ることになった。さらに3000系の登場後も、1900系は一般通勤車に格下げされ生き残り、長きにわたる活躍となった。京阪電気鉄道では、空気ばね台車をいち早く採用したことを記念し、1700系で採用したＫＳ−50形台車が現在も保存されている。

　空気ばね台車は、高速鉄道のみならず路面電車でも1956（昭和31）年に東京都交通局1000形1007号が、空気ばね台車に換装のうえ試験がおこなわれた。ただ、実用化されたのは翌年の南海電気鉄道のモ501形が最初となる。またこの年に、名古屋市交通局2000形2002号も日立製作所製ＫＬ10形空気ばね台車に換装を行なうなど鉄道の技術発展に余念のない時代だったことが窺える。

　いっぽう国鉄では、1958（昭和33）年に特急用車両である20系客車や20系電車（のちの151系）で、本格的に空気ばね台車を使用することになったが、通勤型電車への採用は1966（昭和41）年の301系電車まで待たなければならなかった。

　もっとも、当時の国鉄は、特別料金を支払う列車に使用が限られていたようで、301系以降も暫く通勤型電車や近郊型電車（グリーン車用車両を除く）には、空気ばね台車は見られず、1979（昭和54）年登場の201系試作車で、ようやく空気ばね台車が採用された。

　20系客車はＴＲ55形台車を採用したが、ベースとなったのは10系客車で採用されたコイルバネ台車のＴＲ50形であり、この台車は開発当初から空気ばね化を見越して設計されていた。同様にして20系（151）電車のＤＴ23形台車も、モハ90系電車（101系）で採用されたＤＴ21形台車をベースとしている。

初の交直両用電車の誕生と現状
国鉄401・421系

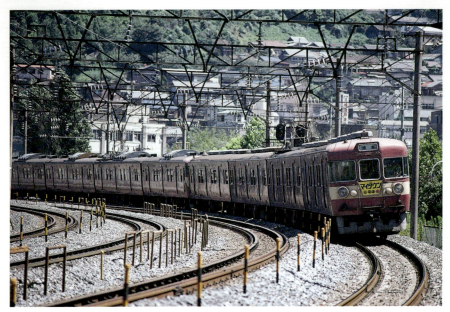

低運転台・大型前照灯とデビュー時の特徴をよく残した421系　鹿児島本線枝光〜八幡（当時）　1983.7（学）

　日本の交流電化は、1954（昭和29）年に仙山線の北仙台〜作並間を50Hz20000Vの電化区間とし各種試験が行なわれたのち、本格的な導入が決定された。電圧の高い交流電化方式は、送電線で大容量の電気を遠くまで送ることができ、変電所の数もロスも少なく、地上設備も整流設備が不要のため、コストもかからないメリットがあった。ただ、交流電源を受ける電車側は、電圧を下げる変圧器、直流モータを回すために整流器を搭載しなくてはならないため、重量が増し製造費用が高くなるリスクもあった。

　当時は大都市圏や東海道本線などの幹線はすでに直流で電化されており、これからは地方線区の電化を推し進めることから、交流車両の製造もそれほどの数にはならないと思われ、東北本線は黒磯以遠、常磐線は取手以遠、北陸本線、九州各線が交流電化と決定した。常磐線が、取手以遠とされたのは石岡市に気象庁の「地磁気観測所」があることも要因で、地球の磁気を正確に測定するには、一定方向の磁界を発生させる直流電気は大敵で、交流なら周期的に向きが変わるので影響を受けにくいためだった。

　常磐線の交流電化が進むと、水戸方面から上野に直通していた客車列車を置き換えなくてはならない。ただ、上野〜取手間は直流により電化されていたため、交流区間と直流区

高運転台・大型前照灯の401系
常磐線赤塚～(臨)偕楽園　1982.3（学）

　間を相互に運転できる交直両用電車が必要となった。

　仙山線で行なわれたクモヤ491とクヤ490の試験結果を踏まえ、本格的に交直両用電車が誕生したのは、1960（昭和35）年のことで、交流50Hz対応の401系、その数カ月後に、交流60Hz対応の421系が誕生した。

　車両は、先に登場した101系電車の主回路をベースとし、主変圧器やシリコン整流器などを搭載した交直両用電車で、片側3扉にロングシートとクロスシートを配したセミクロスシート構造とした。先頭車にトイレを設置し、初期車は、クハ153形と同じ運転台窓の大きな低運転台であったが、1962（昭和37）年製造分から窓の小さな高運転台となった。この車体の構造や車内座席の配置などは、のちの111系や115系などに継承され、鋼製近郊形電車の基礎になったといっても過言ではないだろう。

　401系は常磐線の上野～勝田間で、421系は鹿児島本線の門司港～久留米間と交直両用の特性を生かして山陽本線の小郡（現在の新山口）～下関間で運転を開始した。

　さらに、基本設計はそのままに出力強化形の403・423系、50/60Hz両用の415系、ステン

JR九州独特の分散式冷房装置ＡＵ１Ｘを装備した421系　日豊本線中山香～杵築　1992.8（学）

レス車体の415系1500番代と発展を遂げ活躍して来たが、JR東日本の415系は、2016（平成28）年3月をもって運用を終了し、JR九州の415系だけが最後の活躍を見せている。

日本初の量産近郊形交流電車
国鉄711系の登場から引退まで

旧塗装時代の711系　函館本線奈井江〜茶志内　1975.12（学）

　401・421系の項（62ページ）でも触れたように、国鉄では、昭和30年代から40年代にかけて鉄道の電化に際し、地方路線では交流方式での電化を進めていた。

　北海道では、第1期電化計画の小樽〜旭川間のうち、1966（昭和41）年に手稲〜銭函間の電化が完成し、ED75 501によって各種試験を開始した。その後1968（昭和43）年8月28日に、小樽〜滝川間で電車による運転が行なわれた。

　この電化に際し、交流専用の電車として前年の1967（昭和42）年に誕生したのが、国鉄

711系900番代だ。量産先行車ながら、旅客営業用の交流電車の登場は初めてで、2両編成2本が製造された。

　両編成は、クモハ＋クハの1M方式だが車体がそれぞれ異なり、901の編成は、上下2段窓で客用扉は4枚両開き折り戸であるのに対し、902編成は、1段上昇式で扉は引き戸となっていた。また、クハ711-902には、温風通風器が取り付けられるなど、寒冷地域を走るゆえの色々な取り組みが各車両に搭載され、比較検討が行なわれた。そして、1年以上にも及ぶ試験が行なわれたあとの1968（昭

711系の試作編成S-901編成 函館本線札幌 1987.5（学）

室蘭電化時に増備された第3次車クハ711-102 函館本線小樽 1989.6（学）

和43）年、量産車の誕生に至った。

　量産化に際しては、2編成の試作車から得たデータを基に、客用扉は902編成の引き戸に、窓も902編成の1段上昇式が採用された。901編成で試作された4枚折り戸は、冬季に雪を巻き込み故障が多発したので、のちに一般的な引き戸に改造された。

　量産車は、同じ1M方式ながら試作車と異なり、クハ＋モハ＋クハの3両編成となった。

　制御装置は、ED75 501と同じくサイリスタ位相制御を採用し、交直専用のため通常の直流や交直流電車と異なり主抵抗器がない。そのためブレーキ装置は、空気ブレーキのみとなっており、応荷重装置付き電磁直通ブレーキが採用された。

　試作編成は、量産車登場後は増結編成として使用されたが、1980（昭和55）年に、クハ711を増備し3両編成に変更された。

　近郊形ながら電車本来の駿足を生かし、小樽〜旭川間の急行「かむい」「さちかぜ」にも使用され、電化区間でのメリットを生かした運用が行なわれた。室蘭本線の電化に合わせ改良型の100番代も登場したが、2扉では札幌都市圏のラッシュ時は列車の遅れに繋がることから、一部の先頭車が3扉に改造された。

　函館本線や千歳線、室蘭本線、末期は札沼線にまで足を延ばしたが、後継の721、731、733系などが増備されると徐々に活躍の場を失い、2015（平成27）年3月に、惜しまれつつ引退の道を辿った。

世界初の電機子チョッパ制御電車
営団地下鉄6000系

小田急小田原線相武台〜座間　1992.4（学）

　電車は、制御器によってモータへの電流を制御しており、かつてほとんどが抵抗器によってコントロールが行なわれてきた。昭和40年代に入ると、今までよりも低い電圧で制御が可能なチョッパ制御が開発され、全国の電車で広く採用されるようになった。

　その先駆けとなったのが、東京メトロ千代田線の6000系車両だ。6000系が最初に登場したのは、1968（昭和43）年のことで、第一試作車として3両編成が製作された。

　特徴として、サイリスタ・チョッパ制御という半導体素子回路により、電流を高速でオン・オフしてモータへの電圧を制御するシステムを採用している。この制御を採用することで、当時主流だった抵抗制御の電車に比べ、消費電力の削減を可能にした。

　この試作の3両編成は、それぞれ異なった仕様とメーカーで、車両の制御器を製作している。6001号車は、三菱電機が製作した「電機子チョッパ制御」、6002号車は同じく三菱電機が製作した従来方式の「超多段式抵抗制御」、6003号車は日立製作所が製作した「電機子式チョッパ制御」を搭載した。

　これら異なった装置の搭載は、比較実験のためである。実験で得たデータを元に、第二次試作車、そして量産車への開発につなげていったのだ。

　6000系の車両スタイルは、今までの鉄道車

車体裾が特徴的な2次
試作車　2014.6（交）

晩年の試作車
2011.7.12（学）

両の常識を大きく打ち破ったといえるほど大胆なもので、前面のデザインは、運転台付近の窓を大きく取り、その脇に非常扉を配置している。これにより運転席からの視認性を向上させている。また、不恰好になりがちな非常扉も、うまくデザインに取り込んでいる。

この非常扉は、ワンタッチ式で車内から解放でき、そのまま車両から降りられる階段に変形する。この左右非対称になった前面デザインは、6000系以降に開発された鉄道車両のデザインに多大な影響を与え、2010（平成22）年に登場した6000系の後継車16000系（2次車以降）にも引き継がれている。

このほか6000系の試作車には、車内デザインにも特徴がある。車両間の貫通扉を排除し、カリフラワー状の開口部にしたことで、3両編成全てを見渡すことができ、車内が広く見えるように演出された。

吊り手は、今ではさまざまな鉄道会社で使用されている「三角形吊り手」（通称：おむすび型）が、丸型より持ちやすいと採用され好評を得た。

6000系は、千代田線の延伸や輸送力増強に伴い増備が行なわれ、1990（平成2）年までに本線用10両編成が35本、第一試作車から改造した北綾瀬支線用の3両編成1本が誕生した。

20年以上もの長きにわたり製造されたこともあって、さまざまなバリエーションが存在する。近年ではチョッパ制御よりさらに進化したＶＶＶＦインバータ制御に改造された車両も存在しているが、徐々に廃車も進行している。

T字型のハンドル1本で操作

ワンハンドル式マスコン

東急電鉄の検測車7500系 "トークアイ" の運転台　2012.3（交）

　1969（昭和44）年に登場した東京急行電鉄8000系は、それまでの自社車両は勿論、ほかの鉄道事業者の車両とも異なる新技術を搭載して現れた。世界初となる界磁チョッパ制御は、半導体技術を取り入れ、サイリスタによりモータの界磁電流を連続的に制御する方式だ。また、現在では各社で見られるようになった力行とブレーキを一本化したT型タイプのワンハンドルマスコン、電気指令式ブレーキや電動発電機のインバータ化など当時としては最先端の技術を採用していた。

　なお、ワンハンドルマスコンは高松琴平電気鉄道10000形で既に登場していたが、これは全く異なる構造で、横軸で力行とブレーキ操作を行なうタイプは、この8000系が最初になる。

　ほかにも、補助電源装置供給用となる電動発電機を静止型インバータにするなど保守の簡素化が図られており、その後の8500系、8090系、8590系の基礎となった形式だった。

　8000系は、7000系や7200系同様オールステンレス車両で、東京急行電鉄では初となる20m級片側4扉車で新玉川線（現在の田園都市線）の地下区間乗り入れに備えてA－A基準（難

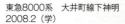
東急8000系　大井町線下神明
2008.2（学）

赤い警戒色が無い時代の東急8000系
東横線学芸大学
1982.4（学）

燃化・不燃化）を採り入れている。

　登場時は5両編成で、東横線で使用が開始され、翌年1970（昭和45）年増備の8019編成は、東京急行電鉄初の冷房車となった。その後も増備が進み、軽量ステンレスの試作車両を含め、合計187両が活躍した。

　増備による設計変更をはじめ、非冷房車の冷房改造や台車の振替、方向幕の自動化や側面設置など、更新や改造などさまざまな形態が存在した。また、地下区間に乗入れ可能な構造ながら田園都市線、新玉川線、地下鉄半蔵門線相互直通運転に際しては、電動車比率の問題や車上信号の関係で見直されることになり、設計変更した8500系が使用されることになった。ただ、一部の8000系が、8500系の中間車代用として組み込まれ、半蔵門線内まで足を延ばしていたが、8500系の増備が進むと地上区間へ戻った。

　東京急行電鉄では、池上線、目黒線、東急多摩川線以外の各線と横浜高速鉄道への乗入れで活躍し、2008（平成20）年で運用を終えた。東横線でのさよなら運転の際は、別れを惜しむ大勢の東急ファンが集まった。

　なお、伊豆急行に44両、インドネシアに24両が譲渡され活躍している。伊豆急行では、中間車の8100形に運転台を取り付けた車両があるほか、車内にはトイレの設置、西武鉄道「レッドアロー号」の座席交換で捻出されたクロスシートを配置して、東京急行電鉄時代とは趣の異なる車内となっている。

乗り心地を犠牲にせずにカーブをより速く
量産型振り子式車両の登場

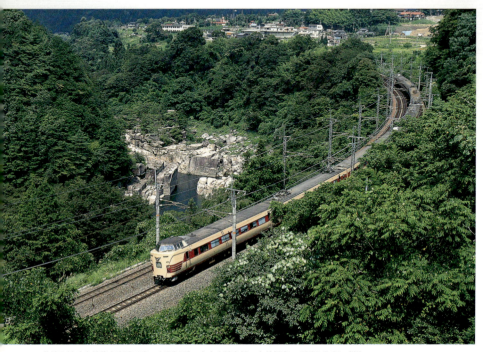

曲線の続く木曽路を高速で走った381系　中央本線上松〜木曽福島　1995.8.21（学）

　国内の在来線では、カーブや勾配が多く、スピードアップを阻害する要素が多く見受けられる。仮に車両が曲線区間を高速で通過すると、カーブの外方向にかかる遠心力で、乗り心地が悪くなり、最悪脱線の可能性も高くなってしまう。

　それらの抑止対策として、カーブ区間のレールの内側を低く、外側を高く設置する「カント」をつけ、遠心力を和らげる策を取ってきたが、それでも直線区間よりスピードを落として走行する必要があった。もし、カーブ区間に入る際、列車の車体を内側に傾けさせることができれば、遠心力をさらに抑制することが可能で、それを実現したのが「振り子式の車両」なのだ。この振り子式車両の歴史は、遡ること1970（昭和45）年3月、591系の試作車からはじまる。

　591系試作車は、連接車体3両編成でクモハ591-1を名乗り、アルミ合金車体に自然振り子装置を装備した。この構造は、車体と台車の間にコロ軸という機器があり、カーブ区間に入ると、そのコロ軸が作用して車体を内側に傾け、遠心力の影響を少なくするというものだ。また、速度向上にあたっては、130km/h

貫通型の0番代
中央本線古虎渓
1989.3（学）

運転に対応したブレーキ装置が採用され、制御装置も界磁チョッパ制御を導入した画期的な車両であった。

591系の試験結果をもとに量産車が製作され、1973（昭和48）年に381系が完成。中央西線の全線電化に伴い、特急「しなの」としてデビューした。

381系は、591系と同じ自然振り子式の電車で、パンタグラフ以外の屋上機器（空調装置など）を床下に移し、低重心を実現しているため、さらにカーブ区間でのスピードを20km/hも向上させることに成功した。また、名古屋～長野間の所要時間も、それまでのキハ181形気動車特急より30分短縮でき、利便性が大幅に向上した。

その後、新幹線の駅から伸びる地方都市へのアクセスとして、紀勢方面への紀勢本線「くろしお」、山陰方面への「やくも」などに使用された。

振り子方式は曲線の多い路線でのスピードアップに有効で、JR化以降には、制御付き自然振り子式の車両が各社に登場した。JR東海では381系の後継車383系、JR東日本ではE351系、JR西日本では283系、JR九州では883、885系、JR四国では8000系などの

①クモハ591系高速運転用試作車高運転台側　1970.3
②同低運転台側（交2点とも）

電車が登場しているほか、その技術は気動車にも活かされ、JR四国の2000系は世界初の制御付き自然振り子気動車となった。また、JR北海道のキハ281、283系、JR西日本のキハ187系、第三セクター鉄道の智頭急行HOT7000系も、この制御付き自然振り子車両となっている。

初のＡＴＯ＝無人自動運転の実用化
神戸新交通8000形

ポートアイランド線ポートターミナル〜中公園　1988.2（学）

　神戸新交通が運行するポートライナー（ポートアイランド線）は、1981（昭和56）年2月5日に開業したＡＧＴ（新交通システム）の路線で、三宮〜神戸空港間の10.8キロを結んでいる。

　当初から、日本国内で初のＡＴＯ自動列車運転装置による無人運転を行なっており、開業に併せて川崎重工業神戸工場で8000形が製造された。

　8000形は、アルミ合金製で6両編成。編成全体の乗車定員は274名であった。走行タイヤは、ウレタン充てんゴムタイヤを採用している。また主電動機は、90kW直流複巻電動機をＭ車に2台装備し、回生ブレーキが付いていた。

　車内はクロスシート配置。非常用などで使用する運転台には、普段はカバーがかけられており、見えないようになっていた。運転台は、ワンハンドルタイプで、1つのハンドルで加速から惰行、減速を行なう。速度計には、ＡＴＣ用のキャブシグナルが装備されているが、基本的に通常の営業運転中は、ＡＴＯによる自動で運転を行なうため、ＡＴＣ（自動列車制御装置）は段階的な減速に使用される。

8000形は現在すべて引退している 1988.2（学）

その際、小さなショックはあるが、走行音や振動は自動車並みに静かだ。

神戸新交通「ポートアイランド線」は、開業当初三宮～中公園間が開業し、途中1995（平成7）年に発生した阪神・淡路大震災により、一時全線が不通となったが、復旧を進めた結果、2006（平成18）年2月2日には、市民広場～神戸空港間が延伸開業した。なお、これに併せて一部の区間を複線化し、利便性が高まっている。

さらに、神戸新交通は、「ポートアイランド線」のほかに、1990（平成2）年2月21日より「六甲アイランド線」（住吉～マリンパーク間）を運行している。

1981（昭和56）年の開業時より運転している8000形も、神戸空港延伸時には老朽化が目立ち、2006（平成18）年に2000形が登場した。

2000形は、ステンレス製の幅広車体で、編成定員を300名と増やしたことで、混雑緩和が図られた。また、ホームと車両床面の段差を少なくするなど、バリアフリー対策にもひと役買っている。

2000形は、8000形を置き換えるかたちで増備していき、2009（平成21）年11月8日には、8000形のさよなら運転が行なわれ、その役目を終えた。最終列車の三宮発神戸空港行きの

眼下に神戸港を望みつつ走る 1988.2（学）

臨時列車には、先着300名ほどが乗車し別れを惜しんだ。

8000形は、我が国で初めて運転された無人の自動運転電車としてその功績は非常に高く、現在も中埠頭車両基地で、先頭車と中間車の各1両が静態保存されている。通常は非公開だが、車両基地イベントなどで公開されることがある。

いまや鉄道車両の主流に
ボルスタレス台車の登場

東京地下鉄8000系　東急田園都市線つくし野〜すずかけ台　2009.3（学）

　日本の鉄道の黎明期、陸蒸気と呼ばれた小型のB型蒸気機関車が牽いていた客車は2軸車といい、車両に直接車軸支持装置を設け、2軸4輪で走るタイプのものだった。

　やがて時代が進むと、客車の大型化が要求され、それに伴いカーブに沿って向きを変えない2軸式では不向きになった。そこで導入されたのが、現在一般的に使われている、2軸4輪を備えた台車を車端に2基装備したボギー車である。

　ところで、台車の役割は、車体を支え、牽引力やブレーキ力を伝え、レールの案内どおりに安定して走ることにある。また、乗り心地の向上も大きなテーマであり、乗り心地が向上すると、走行中に発生する振動が及ぼす車体への悪影響も低減できるため、経済性への効果も望める。

　それらの目的を果たすために、現在まで色々な種類の台車が国内外で設計され製造されてきた。大まかな台車の構造は、上から車体を載せる枕梁（ボルスター）と、枕ばね、台車枠、軸ばね、輪軸、車輪というような構成である。とくに、乗り心地や車両の安定性を左右するばねは、取付け位置やばねの形状

デビュー当時　鷺沼車両基地　1994.6（学）

　（初期の板ばね、コイルばね、空気ばね）などが、多種存在する。

　1980年代に入ると、わが国では在来線のさらなる高速化の機運が高まり、台車の研究開発が進み、軽量で部品点数の少ない、ボルスタレス台車が開発された。

　この台車は、従来の枕梁（ボルスター）を省略（レス）し、あらたに新素材などで開発した低横剛性空気ばねを枕ばねに採用し、車体〜台車間の回転変位を負わせた。蛇行動を防止する旋回抵抗を与える側受けも、枕梁とともに省略されたので、さらに高速走行が予想される車両には、ヨーイング用ダンパーが装備された。軸箱支持装置も上下左右前後の支持をゴムばねで行なう方式となった。また台車本体の開発だけではなく、車輪も従来の円錐踏面に代わり、複数の異なる半径の円弧を繋いだ円弧踏面などを採用し、曲線通過性能の向上も果たした。

　1981（昭和56）年、このボルスタレス台車を日本で最初に採用した量産電車が、半蔵門線で活躍している帝都高速度交通営団（現、東京地下鉄）8000系である。この半蔵門線系統（東武伊勢崎線〜半蔵門線〜田園都市線）での成果を以て、ボルスタレス台車は多くの電車で採用されるようになった。またさらなる改良を経て、新幹線用ボルスタレス台車の実用化も進められ、現在に至っている。

日本初のVVVFインバータ制御車
熊本市交通局8200形

熊本市交通局8200形8201　熊本駅前　2015.4（学）

　現在、日本国内で製造される電車は、そのモータ制御のほとんどがVVVFインバータ制御によるもので、交流の誘導電動機が使用される。以前は長い間、抵抗制御をはじめチョッパ制御などによる直流電動機を使用して走る電車が、一般的だった。

　誘導電動機は、直流電動機のようなブラシの磨耗もなくメンテナンス性に優れているほか、小型に出来るなど保守や軽量化においてメリットが高い。ただ、直流を交流に変換し、重い車両を動かすには、大容量のインバータが必要であり、半導体技術の低いひと昔前までは技術的に困難だった。

　1972（昭和47）年に米国のクリーブランド空港鉄道において、世界初となるVVVFインバータ制御の電車が登場したが、故障や問題が発生し、わずか2年で廃車となっている。

　そんな状況のなか、日本国内では、1978（昭和53）年に帝都高速度交通営団の6000系一次試作車において、同車を改造のうえ試験がおこなわれた。営業運転ではなく、データ確保が目的であったため実用化はされず、試験終了後に先代の5000系と同様の抵抗制御に再改造され、綾瀬～北綾瀬間で使用されるようになった。

　以後も、東京急行電鉄デハ3552号車、相模鉄道モハ6305・6306、大阪市交通局106号車、阪急電鉄1601号車などが、現車による試験を

デビュー当時の熊本市
交通局8200形8202
1982.5（学）

大阪市交通局御堂筋線
21系　新大阪
2002.6（学）

行なった。いずれも新製した車両ではなく既存の車両を改造したものだ。

　ようやく実用化にこぎつけたのは、1982（昭和57）年のことで、日本車輌製造で製造された熊本市交通局8200形が最初だ。これは、三菱電機製造の逆導通サイリスタ（逆方向の電圧の阻止能力がなく、逆電流が流れる。回路の小型化や信頼性に貢献）を使用し、交流三相誘導電動機を制御するもので、2両が製造された。路面電車で実用化が実現したことは大きな弾みとなり、1984（昭和59）年には、大阪市交通局20系が製造され、試験を開始したほか、近畿日本鉄道も1250系（のちに形式変更され1420系）1251編成2両が製造され、こちらはひと足早く営業を開始した。

　このように高速鉄道においても営業運転にこぎつけられたのは、大容量のGTOサイリスタなど半導体素子が開発され、実用出来る

ようになったことが大きな要因といえ、翌年1986（昭和61）年には、新京成電鉄8800形や東京急行電鉄9000系と続き、量産時代に突入することになる。また変わったところでは、同時期に新交通システムとしてリニューアルされた西武鉄道山口線の8500系が、VVVFインバータ制御を採用している。

　VVVFインバータ制御というと、当初は変調音が大きく賑やかなものであったが、次第に静かなものが開発されるようになった。京浜急行電鉄2100形などは、独特の音階を奏でており、「ドレミファインバータ」と親しまれていたが、制御器更新の際に静かなものに取り替えられた。

　このように路面電車から新幹線に至るまで、このVVVFインバータ制御が発展したのは、誘導電動機によるメンテナンスフリーの実現と軽減化が大きな要因と思われる。

鉄輪式リニアモータ方式の採用
大阪市交通局70系

大阪市交通局長堀鶴見緑地線70系　大正　2016.4（学）

　1990（平成2）年、大阪の鶴見緑地で「花と緑の博覧会」が開催された。4月1日より9月30日まで、2312万人以上が訪れた大規模な国際博覧会だった。

　この「花と緑の博覧会」の旅客輸送に合わせて、京橋〜鶴見緑地間の大阪市交通局鶴見緑地線が開業した。

　鶴見緑地線は、のちの1996（平成8）年に心斎橋駅まで延伸開業の際、長堀鶴見緑地線と改称されるが、開業当初は鶴見緑地線という名称だった。

　鶴見緑地線で使用された大阪市交通局70系は、日本ではじめて鉄輪式リニアモータ駆動を実用化した地下鉄で、1988（昭和63）年に試作車による走行試験をおこない、結果も上々であることから実用化にこぎつけた。リニアモータ駆動により車両を小型化することで、建設コストを抑えることを可能にしたのだ。

　地下鉄の小型化は、1979（昭和54）年から、日本地下鉄協会によって検討されるようになり、1981（昭和56）年に、小型化にはリニアモータ駆動が有利であると解り、技術開発に着手した。

東京都交通局大江戸線12-600形　2012.2（交）

　リニアモータを使用したというと、磁気浮上式によって高速走行するリニアモーターカーを思い浮かべがちだが、それだけではなく、リニアモータは色々なところで使用されている。

　リニアモータには数々の種類があり、一般的には回転運動する通常のモータと異なり、基本的には直線（リニア）運動するモータである。軸受けが無いので小型化出来るのが大きな特徴である。このリニアモータを使用したことで、地下鉄そのものの小型化が実現したわけだ。

　大阪市交通局鶴見緑地線のあとも、リニアモータ駆動による地下鉄開業は続き、1991（平成3）年に東京都交通局12号線（現在の大江戸線）、2001（平成13）年に神戸市交通局海岸線、2005（平成17）年、福岡市交通局3号線、2008（平成20）年、横浜市交通局グリーンライン、2015（平成27）年、仙台市交通局東西線と開業している。

　すべて公営交通だが、コスト低減化には大きく役立っているようだ。このうち、東京都交通局12号線は、計画当初は通常サイズの地下鉄で計画されたが途中で変更となり、小型の地下鉄となった。

　実用化にあたり、西馬込にある馬込工場で試作車による試験をおこなった際は、リニアモータではなく通常のモータであったが、途中から試作車の改造をおこない、リニアモータに変更された経緯がある。この試作車は、営業に使用されることなく除籍されたが、東京都豊島区内の公園で静体保存されている。

　日本初のリニアモータ駆動の地下鉄大阪市交通局70系は、その功績が讃えられ、「鉄道友の会」よりローレル賞が贈られ、現在4両編成25本が活躍している。

ピタッと車体に納まる客用扉
プラグドアの開発と発展

デビュー間もない頃のJR東日本251系　伊東線来宮～伊豆多賀　1992.4（学）

　鉄道車両の扉といえば、片開きや両開きの引き戸式や、国鉄時代に製造されたブルートレイン車両をはじめ私鉄の特急型などで採用された折り戸式がある。この2通り以外に、この項で取り上げるプラグドアがあり、最近ではよくLRVなどで採用されている。

　プラグドアにもおもに2種類の方式が見られ、外側にドアを移動させる外プラグ式タイプと内側に移動収納する内プラグ式があり、どちらも閉扉時は車体外側と面一となることから、空気抵抗に優れ隙間風や風切り音、走行騒音の低減などの利点がある。そのため、新幹線のように高速走行する車両には、非常にメリットが高い。

　外プラグ式においては、戸袋が必要ないので超低床であるLRVのように車輪配置と重なる場合は有効的だ。しかし、製造コストも掛かり通常の引き戸式よりも構造が複雑になることから、メンテナンスには手間が掛かり、採用には各鉄道事業者も慎重のようだ。

　プラグドアを採用した車両は、古くは試験車両として誕生した国鉄1000形新幹線や試作要素の多い国鉄キハ60系気動車、営業量産車両としては国鉄451系・471系交直両用急行形

JR東海300系9000番代
試作編成　東海道新幹線三島　1990.5.27（学）

キハ183系5000番代
"ニセコエクスプレス"
のプラグドア　1991.2
（学）

電車のクモハ451形とクモハ471形の運転台直後の扉が、初期車のみプラグドアだった。

451系・471系については、台枠の枕梁と側梁の結合の強度に問題があったため採用されたものだが、のちに補強することで解決し、初期車も通常の引き戸に改造された。1000形新幹線は試験をおこない検討されるものの、量産車である0系新幹線ではプラグドアは採用されなかった。まだこの時代は、いずれも本格的な採用には至っていないのが現状だった。

本格的にプラグドアを採用したのは、JR北海道のキハ183系「ニセコエクスプレス」用車両で、1988（昭和63）年に外プラグ式で登場。そして、翌年にはJR四国の2000系にも採用され、特急用気動車からプラグドア採用が本格化した。

電車では、1990（平成2）年に誕生した、JR東海300系新幹線試作車に内プラグが、JR東日本251系電車（スーパービュー踊り子）と東武鉄道100系電車（スペーシア）に外プラグが採用された。

特急形車両に採用されたのは前記のとおり、高速運転での空気抵抗と静粛性によるところではないだろうか。また、路面電車の低床化により、LRVが各地で活躍するようになるとプラグドアの採用が必然的になっていった。

1990（平成2）年以降、採用する車両が増えていった背景には、製造会社の研究開発により、故障の発生率が下がったことは勿論、コストの低減やメンテナンスフリー化をはじめ、安定した供給が出来るようになったところが大きいのではないだろうか。

引き戸に比べ、構造が複雑で部品点数の多いプラグドアだが、利点も多いことから軽量化や薄型化など今後も開発の進化は続くと思う。

複電圧車両の登場
山形新幹線400系

登場時の400系試作編成　仙台総合車両所（当時）1990.12（学）

　東北地方に東北新幹線が開業すると、飛躍的に時間が短縮し、東京との距離が短く感じるようになったが、東北新幹線の走らない地域からは、新幹線駅まで在来線を利用しのりかえなくてはならなかった。そのため、「全国新幹線鉄道整備法」に基づく新幹線計画のない県からは直通列車の要望が高まっていた。そこで打ち出されたのが、新在直通のミニ新幹線計画で、奥羽本線の福島〜山形間が最初の区間として、1992（平成4）年7月に開業した。

　在来線に新幹線車両を走らせるためには設備の改良が必要で、なおかつ、車両も在来線の規格にしなくてはならない。そこで、開業1年前から奥羽本線の改良工事に着手し、区間ごとの線路を閉鎖して、狭軌1067mmから新幹線で使用されている標準軌の1435mmに拡げる工事を行ない、同時に東北新幹線と接続する福島駅に接続線を新設した。

　車両は、我が国で初めて、新幹線と在来線を直通する共用の車両400系が登場し、新幹線区間を時速240kmの高速で、在来線区間は時速130kmでの走行を可能とした。

　在来線車両の規格限界は、新幹線車両の幅

1999（平成11）年からリニューアルされた　奥羽本線庭坂〜赤岩　2006.5.26（学）

よりも小さく、ホームやカーブでの車両限界も同じく小さいので、400系の車体は、ほかの新幹線よりも小さく設計されている。それゆえ、新幹線ホームと車体との間には、大きな隙間が空いてしまう。

これを防ぐために、乗降口に可動ステップを設置している。また、在来線区間の険しい勾配にも対応できるよう新幹線・在来線に適合したブレーキ特性を得られるようにしている。

また、新幹線と在来線両線は異なる電圧（新幹線25000V、奥羽本線20000V）のため、新幹線では初めて複電圧方式とした。また、福島〜東京（当初は上野）間では東北新幹線車両と併結運転を行なうため連結器を装備し、併結となる200系も連結器の取り付けなど改造が行なわれた。

車体はアルミ合金車体で、外観は、メタリック塗装が先進的な印象だ。この近未来風のデザインは、400系が東北新幹線にとって、

200系以降の新形式車両であることから、「21世紀志向の高速列車」をコンセプトにしたためだ。

山形新幹線の成功を受け、つぎに盛岡〜秋田間の田沢湖線を改軌し、秋田新幹線「こまち」が、1997（平成9）年3月に開業、登場している。こちらには、400系新幹線をさらに改良したE3系車両が登場した。

山形新幹線「つばさ」は、好調な運転を続け、1999（平成11）年に新庄まで延伸されたが、初のミニ新幹線車両として貢献した400系は2010（平成22）年4月に全車が引退し、後継に秋田新幹線「こまち」のE3系をグレードアップさせたE3系1000・2000番代に引き継がれた。

なお、400系引退の際には、記念臨時列車の運転が行なわれ、山形新幹線開業18年目に合わせた「つばさ18号」として走り、有終の美を飾った。

純電気ブレーキの導入
新京成電鉄8900形

新京成電鉄8900形登場時　1993.12（学）

　電車の制御器は、抵抗制御からチョッパ制御、そして今はＶＶＶＦインバータ制御に進化をしたことはすでに書いた。これと同じようにブレーキも、空気で指令・動作する直通ブレーキや自動ブレーキから、電磁弁を設けた電磁直通ブレーキ、さらに電気で指令を行なう電気ブレーキへと変化を遂げてきた。

　ただ、かつての電気ブレーキは、電気で指令を送り、速度が下がった時点で空気ブレーキに切り替えるシステムをとっていた。これを停止まで電気で行なう方式を、三菱電機が開発した「純電気ブレーキ」と呼んでおり、日立製作所の同様のシステムは「全電気ブレーキ」と呼ばれている。

　停止まで電気でブレーキをかけられるようになったのは、ＶＶＶＦインバータ制御と交流誘導電動機の組合わせで、低速まで安定した制御が可能となり、回生ブレーキの速度域

新コーポレートカラーのジェントルピンクを纏った8900形（右）と8800形（左） 2014.8（交）

　が大きく広がったことによる。インバータからの周波数はモータの回転数により決まり、回生ブレーキをかけると周波数が次第に低くなり、やがて1km/hで周波数が0となる。さらに停車をしなくてはならないので、モータを逆回転させるマイナスの周波数を出すことで、電車は停車する。

　これが大まかな原理となるが、実際は、停止後の転動防止の必要性や制動中の回生失効（回生電圧を受け取る負荷がない場合などに回生ブレーキが作用しなくなる現象）の可能性、編成中のT車の制動の必要性などから、従来のように空気ブレーキも併用され、停止間際からはブレーキシューの摩擦力で停止している場合もある。

　純電気ブレーキを初めて採用したのが、1993（平成5）年に登場した、新京成電鉄8900形だ。通常よりも、制輪子でブレーキをかける頻度が減るため、摩耗が減り、交換サイクルが延びるなどメンテナンス面では有利であり、従来の車両でもソフトウェアの交換やブレーキ基盤のプログラム変更で、純電気ブレーキに変更できることもあり、そのように改造した車両も存在する。東京都交通局6300形や小田急電鉄1000形、新京成電鉄8800形などがこれに該当する。

　なお、この純電気ブレーキを初めて採用した新京成電鉄は、1986（昭和61）年に登場した8800形に、高速鉄道線では初めてＶＶＶＦインバータ制御を実用化するなど、鉄道業界において先端技術を採用している。

振り子式車両の効能をさらに突き詰めた
車体傾斜システム

JR四国8600系車体傾斜式直流電車　予讃線海岸寺〜詫間　2016.8.24（学）

　カーブを通過する際、車両には遠心力が働き、カーブの外側へ向かおうとする力が作用する。同時にこれらの力は、乗り心地の悪化を招いてしまう。

　それらを緩和する方法のひとつとして、カーブ外側の線路を高くし、遠心力を受け止める方法、すなわちカントを設ける方法がある（70ページ「振り子式」の項も参照）。

　カントを大きくとれば、曲線をいくらでも速く走行できるように思えるが、運転の都合上カーブの途中で停まる必要性も考えられる。そのため、あまりに大きなカントを取ると、カーブで停まった時に車体がカーブ内側へ倒れてしまう。また倒れるまでに至らなくとも、乗客には色々なストレスが掛かるわけだ。

　以上の理由から、わが国では、狭軌（1067㎜）の場合105㎜、標準軌（1435㎜）では200㎜と、カントの上限を決めている。

　それでは、これらの上限値によっても遠心力を解消できないような高い速度の場合はどのようにするのかといえば、現状では、車体自体を傾ける方法を選択するのが一般的だ。これが車体傾斜システムで、よく知られる振り子電車もその仲間になる。

　車体を傾斜させるには、コロやベアリングを用いた「自然振り子式」、あらかじめ車両側機器に走行路線の曲線情報などを記憶させ、地上子を基準にした走行地点を算出して、車

小田急電鉄空気ばね式
強制傾斜車両(私鉄初)
1970.11 (交)

小田急電鉄50000形
小田原線下北沢〜
世田谷代田　2012.3
(学)

体を傾斜させる「制御付き振り子式」、曲線区間に入ると油圧などで強制的に傾斜させる「強制振り子式」、そして、最近では、車体傾斜システムとして空気ばねを利用した「空気ばね式車体傾斜」などがある。

　自然振り子式では381系が、制御付き振り子式ではE351系などが、よく知られる形式だろう。強制振り子式は、日本では試験車両でしか見られなかったが、ヨーロッパでは採用例が多い。

　それらに対し車体傾斜システムは、台車の空気ばねを利用し、曲線区間ではカーブ外側の空気ばねを加圧して車体を上昇、カーブ内側の空気ばねは逆に減圧させて下降させるもので、これにより車体に傾斜角を持たせるというものだ。

　カーブの検出には、あらかじめ設置した地上子などから、車両側に情報を流し傾斜させるタイプのものや、任意の路線でも運用できるように、先頭車に走行速度とヨー角速度を演算処理する制御装置を持たせ、曲線の方向と曲率を算出し、車体に傾斜を持たせるタイプなどがある。傾斜角は2°程度に抑えられている。振り子式では、地上設備の大幅な改修が必要だったが、空気ばね式ならあまりコストもかけずに導入が可能で、ＪＲ東海・ＪＲ西日本のN700系やＪＲ東日本のE5系、E6系、小田急50000形、ＪＲ北海道のH5系、キハ261系などで採用されている。

　さらに進化した、ハイブリッド車体傾斜システムも研究され、ＪＲ北海道の特急気動車キハ285系でデビューの予定であったが、安全対策や新幹線の開業準備を優先するため、量産先行車が製造されていたのにも関わらず、導入が見送られたことは非常に残念だ。

東京地下鉄1000系で本格的に採用
通勤電車の操舵台車

東京地下鉄1000系　銀座線渋谷〜表参道　2013.10（学）

　通勤電車において、操舵台車が始めて採用されたのは東京地下鉄銀座線で活躍する1000系車両だ。「ＳＣ101」とも呼ばれるこの操舵台車は、東京地下鉄のそれまでの経験と実績から、銀座線の通勤電車用として本格的に導入されたのだ。
　東京地下鉄銀座線（浅草〜新橋〜渋谷）は、戦前から戦中に建設された路線で、使用されている電車は16m級小型車両で6両編成。急カーブなどの区間が多いため、車輪のフランジの磨耗率の低減や乗り心地の向上などが課題だった。

　この解決策として、東京地下鉄と鉄道車両の台車メーカーである住友金属との共同研究・開発が進み、2007（平成19）年から操舵台車への取組みが始まった。試験台車を実際に製作し、曲線区間の通過シミュレーションや丸ノ内線の02系車両を用いて性能試験などを行なった。そして、2012（平成24）年に運転を開始した銀座線の新型車両である1000系に、この「操舵台車」が採用された。
　操舵装置は、ボルスタ・台車枠・軸箱間についているリンク機構のため、通常外側から見ることができない。作用としては、曲線

東京地下鉄13000系
の操舵台車　2016.8
（学）

ＪＲ北海道キハ283
系特急気動車のリンク
式自己操舵台車採用
1995.10（交）

区間の通過時に車体と台車、車輪にかかる負担を軽減できるように、その変位に応じて装置が働き、輪軸が自動的に移動するようになっている。

　従来の台車に比べて、曲線の内側は軸距が短く、曲線の外側は軸距が長くなるように製造され、曲線をスムーズに通過できるためのくふうが成されている。

　これにより、フランジの摩耗や振動、騒音も低減され、乗り心地も向上している。ちなみに、このＳＣ101操舵台車は、非操舵軸に既存の駆動装置をそのまま使用できるため、メンテナンス性、信頼性にも優れている。

　なお東京メトロは、この操舵台車の開発で、2015（平成27）年に発明協会が主催する平成27年度「全国発明表彰」において「鉄道車両用の操舵台車の発明（特許第5512108号）」として、発明賞を受賞している。

　また、「鉄道友の会」からも2013（平成25）年に、名誉ある鉄道車両の証「ブルーリボン賞」が、1000系車両に贈られた。これは、操舵台車の開発が大きく影響したためといえるだろう。

　ちなみに、特急用車両としての操舵台車は東京大学の須田教授が提案した「自己操舵台車（前後非対称台車）」が、ＪＲ東海の383系特急型電車で採用され、ＪＲ北海道と鉄道総研が共同で開発した「半強制操舵台車」が、ＪＲ北海道のキハ283系特急型気動車で実用化されている。

快適な旅の設備

"昭和三種の神器"といわれたアイテムのひとつ
電車の客室内にテレビを設置

京成電鉄テレビ電車「開運号」試運転　1954（交）

　テレビといえば、現在は大抵の家庭に1台以上あるごく普通の家電に過ぎないが、昭和30年代はごく一部の家庭にしかない高級家電であった。それが大きく普及したのは、東京オリンピックが開催された1964（昭和39）年以降のことで、それ以前に、車内へテレビを設置した電車が現れていた。

　それは、1954（昭和29）年4月のことで、京成電鉄が前年に新製した特急形車両1600形に海外メーカー製のテレビを設置したのが初めてだった。

　1600形は、京成上野～京成成田間を結ぶ座席指定の特別列車で、「開運号」という愛称があった。成田山新勝寺への参拝客向けの観光列車であり、車内設備もクロスシートで日本初の簡易リクライニング機能を装備しており、優等列車に相応しい車内設備をもっていた。そしてテレビが、旅客サービスの一貫として設置されたのである。

　1600形登場後は、それまで優等列車で使用されていた1500形が、「開運号」の増発や予備を兼ねていることから、1500形にもテレビ

京阪電鉄のテレビ電車　京成電鉄より２カ月遅れての登場だった　出典：『京阪百年のあゆみ』（京阪電気鉄道刊）

京阪3000形
1981.7（学）

の取付けが行なわれた。しかし、次世代の3150形（3191編成〜）以降の特急用車両には、残念ながら継承されず、京成電鉄でのテレビ付き列車は消えてしまった。

いっぽう、テレビカーを有名にした京阪電気鉄道は、京成電鉄より数カ月後の７月頃から、やはり前年登場のクロスシート車1800系で、地元大手電気メーカーの協力を得て実用試験が行なわれた。結果は好評であったため、９月より本格的にテレビ放送が流された。

車体側面には、「テレビカー」の文字が描かれ、沿線はもとより全国的に知られる電車となった。なお、「テレビカー」の名称は、商標登録されたため、他者は無許可で使用できない。

京阪にテレビカーが登場したのは、大阪〜京都間のライバル会社への対抗策で、距離と所要時間で差が出ていたものをサービス面で挽回が図られ成功を収めている。

京阪電気鉄道は、その後も特急用車両にはテレビを設置し、1810系（のちに一部1900系に編入）や、それまでの白黒テレビからカラーテレビとなった3000系や8000系へと継承された。だが、ワンセグ（「携帯電話・移動体端末向けの１セグメント部分受信サービス」）の普及などで、気軽に移動しながらテレビを見られる時代となったことが影響し、8000系は更新に際してテレビを撤去し、3000系改造の8000系8030番代が2013（平成25）年３月に引退したことにより、テレビカーの幕を閉じた。

このほか、1967（昭和42）年頃、近畿日本鉄道のビスタカー10100系１編成に試験的にテレビを設置した。日本初のカラーテレビ搭載だったが受信感度が悪く中止となった。また、ＪＲ西日本681系のグリーン車やほかの私鉄などでも一時期ではあるが、各座席にテレビを搭載した車両が見られた。

観光から大量輸送まで
２階建て電車

近鉄10100系　近鉄10000系に続き２代目の２階建て車両だった　名古屋線桑名　1978.7（学）

　現在では、ＪＲ東日本の近郊型グリーン車やＥ４系新幹線をはじめ、私鉄では京阪電気鉄道の8000系など、２階建て電車を見る機会に恵まれている。

　しかし、昭和50年代初頭は、２階建てといえば、近畿日本鉄道のビスタカーがまず思い浮かぶほど有名で唯一の存在だった。

　初めてビスタカーが登場したのは、1958（昭和33）年のことで、10000系と名乗り高速鉄道では日本初の２階建て電車となった。

　この10000系ビスタカーは、大阪と名古屋を結ぶ特急列車に用いるために計画された。

ライバルとなる国鉄に負けないように、近代的な設備と性能を目標に製造され、７両が登場した。まだ試験的な要素の多い電車で、運転台付電動車ユニットを両端に置き、中間部は制御車を含んだ付随車の３両固定連接車で、制御車が２階建て構造となっていた。フル編成の７両以外に、組合わせにより５両や４両の編成も組める構造となっている。

　２階建て車両の２階部はビスタ・ドームといわれ、米国のカリフォルニア・ゼファー号と同様のドームタイプで、車内は１人掛けと２人掛けの３列、シートは10°程窓側に角度

近鉄20100系「あおぞら」はおもに修学旅行列車に使用された　1989.10（学）

が付けられ、車窓重視とされていた。また、背ずりを低くして開放的な印象とし、イヤホンでラジオを聴くことが出来るなど、当時としては斬新なくふうもされていた。

しかし、10000系は量産されることなく、翌年の1959（昭和34）年には構造を大きく見直した10100系ビスタカーが登場し、近畿日本鉄道の看板列車として君臨することになる。その後は、おもに修学旅行用として活躍した20100系「あおぞら」号や10100系の後継車両30000系などが登場し、近鉄特急2階建て電車は現在もその血筋を引き継いでいる。

高速鉄道では、日本初の2階建て電車は近畿日本鉄道だが、日本初の2階建て電車の歴史は古く1904（明治37）年の大阪市交通局5号形が最初であり、日本においては路面電車で実用化されたのだ。この記念すべき電車はすべて廃車されてしまったが、1953（昭和28）年に復元され、現在も大阪市交通局によって大事に保存されている。

近畿日本鉄道では、早くから取り組まれた2階建て電車だが、ほかの私鉄や国鉄ではなかなか採用されなかった。国鉄では、1985（昭和60）年登場の100系新幹線で2階建て車両が実用化され、食堂車とグリーン車を2階部に設け、眺望を楽しむことが出来た。

JR発足以降は、JRをはじめ、各私鉄でも2階建て車両の導入が進められたが、通勤用では乗降に時間がかかり、列車の遅れが生じる原因となるほか、バリアフリーの観点からは、階段状の車両は車椅子でののりおりが難しいことなど問題も多く、あまり普及しなかった。今後は観光列車やグリーン車などに限られるのではないだろうか。

前面展望車に搭載された安全装置
名古屋鉄道7000系"パノラマカー"

名鉄7000形　本線栄生　1981.7（学）

　名鉄を代表する車両といえば、名古屋近郊に住むレイルファン以外の方々にも、パノラマカーだと認識されているのではないだろうか。それくらいパノラマカーは全国的にも有名な、名鉄の看板列車だった。

　パノラマカーこと7000系が登場したのは、1961（昭和36）年のことで第一陣は名古屋の日本車輌製造で6両編成3本が製造された。イタリア国鉄の「セッテベロ」をモデルとして運転台を2階部分にすることで、従来の運転台スペースを客室スペースにあてたのが最大の特徴で、それまでにない前面展望を可能とした。

　のちに登場する小田急電鉄3100形ロマンスカーも、大きく影響を受けたほどだ。小田急電鉄の前面展望電車では、現在も7000形や50000形が活躍しており、10000形は長野電鉄に譲渡され、第二の道を歩んでいる。

　ほかの鉄道にも影響を及ぼした名古屋鉄道のパノラマカーに対する意気込みは、並大抵のものではなく『走るパノラマ展望車』と盛んにPRをおこなったほか、試乗会も開催され、マスコミや鉄道関係者、監督官庁や沿線住民など多くの人々を招待し、大好評を得た。

運転台は外のはしごを
使って乗り降りした
2008.4（学）

展望席部分
2008.4（学）

　また、当時はパノラマカーと呼ばれておらず、パノラマ展望車やパノラマ式展望車と呼ばれていたが、いつの間にか、利用旅客などからパノラマカーといわれるようになり、この愛称が定着したようである。

　パノラマカーは、オール電動車で5500系などほかの一部の形式の車両とも併結可能となっており、フレキシブルに運用をこなすことが出来る構造になっていた。また、ミュージックホーンを取り付けるなど面白い装備も施してあった。

　前面展望車ならではの装備として、前照灯兼尾灯の横には油圧緩衝器なる装置が設置されていた。これは、万が一の踏切事故などの際に、軌道内にある障害物などを跳ね返すためのものであり、その高さは当時のトラックなどの荷台の高さに準じていたそうである。勿論使わないに越したことはないが、実際に衝突した際は、この装置の威力が発揮され、大惨事を免れたことがある。

　改良を重ね、1975（昭和50）年までに116両が誕生して活躍したほか、1964（昭和39）年にはほぼ7000系と同じ車体構造の7500系が登場しており、7000系と並行して製造される時期があった。7500系は、車体客室部が低く、制御器も複巻電動機を使用した他励界磁制御でほかの形式と併結が出来ないなど7000系とは大きく異なっていた。

　長い間名鉄の顔として活躍したが、寄る年波には勝てず、7500系は2005（平成17）年に、7000系は2009（平成21）年に、惜しまれながら引退の日を迎えた。

"日も夜も"からラグジュアリー性の向上へ
寝台電車の移り変わり

現代の寝台電車　JR東海・JR西日本285系"サンライズエクスプレス"　予讃線讃岐府中〜国分　2013.3（交）

　昭和40年代の国鉄は、長距離移動の旅客が多く、列車の増発に迫られていた。列車の増発には、車両の増備のほかに、その車両を留置する基地が必要で、昼行用と夜行用の2種類を製造すると、多額の費用がかかってしまう。そこで、昼間の列車に使用した車両を、夜行列車でも運用すれば、1つの車両の製造で済み、車両基地で留置する時間も少なくコストが抑えられるわけだ。

　そんな発想で、1967（昭和42）年10月に、昼間は座席車、夜間は寝台車として使用出来る交流60Hz用の交直両用電車581系が、営業を開始した。

　581系は、当時九州の南福岡区に配置され、博多から夜行特急の「月光」で出発。翌日の朝に新大阪に到着すると、車内を座席仕様に変更して大分行の「みどり」に充当。大分で1泊後再び「みどり」〜「月光」で博多に戻る運用が組まれた。

　この運用を、座席車と寝台車を別々に使用すると、各2編成の4編成が必要だが、581系は半分の2編成で賄えることになるほか、大阪地区で昼間長時間車両を留置する場所も不要となった。

583系　現在定期運用はない　1992.2（学）

583系B寝台車のセッティング作業　1993.7（学）

　じつに効率的な車両で、翌年の東北本線全線電化の際には、50/60Hz用の583系が投入され、昼間は「はつかり」、夜間は「はくつる」と「ゆうづる」で使用を開始した。

　営業運転開始当初は、食堂車のサシ581はあったものの、1等車（のちのグリーン車）であるサロ581がなかったが、この年からラインナップに加わった。昼夜問わず使え、運用効率も良いことから増備も進み、山陽～九州間の寝台特急や九州内の昼行特急、東北・常磐線の昼行・夜行特急のほか、間合いを使用して北陸本線の特急「雷鳥」などにも進出した。

　しかし、昭和50年代になると3段寝台は居住性が見劣りし、昼間も急行のようなボックスシートでは、乗客の要望に応えることができなくなってきた。とくにこの時代になると、航空機が庶民の乗り物となったことや、山陽新幹線の博多開業は581・583系に大きな転機を与えることとなった。

　いっぽう夜行用車両は専用の客車の増備に変わり、B寝台は2段式に変更され、昼間の特急増備車には簡易的なリクライニング機能が装着された。こうなると、もう581・583系の時代ではなくなってしまった。

　1982（昭和57）年以降は、余剰車が発生し、一部は九州、北陸、東北地区のローカル電車用に改造されたほか、急行列車に転用されるなど、年々活躍の場を失い、2012（平成24）年に定期列車から撤退をした。

　昼行座席車と寝台車の2つの顔を持つ581・583系電車は、時代に翻弄されながらも華々しく活躍した。581系誕生の約30年後の1998（平成10）年には、コンセプトこそ異なるが寝台電車285系も登場し、JR最後の定期寝台列車として活躍しているのは喜ばしいことである。旅のスタイルを選ぶうえでは、こうした列車は惜しいものだ。

究極に特別な電車
国鉄クロ157-1

4枚折り戸扉が特徴的なクロ157-1　山手線新大久保　1979.6（学）

　クロ157は、国鉄の貴賓電車として1960（昭和35）年に、天皇陛下や皇族方をはじめ海外賓客の御乗用に対応する車両として製造された。

　当時は、新幹線も開業前で道路状況も現在と掛け離れていることから、皇居のある東京から直流区間限定ながら小旅行をカバーし、葉山や下田、那須の御用邸への御乗用に御使用なされた。

　国鉄の貴賓電車の歴史は意外にも古く1932（昭和7）年に鉄道省クロ49001と49002の2両が製造され、横須賀線で葉山や横須賀の海軍基地へ向かう皇族用とされ、一般の営業用の列車に連結され使用された。これは、あくまでも皇族用なので、天皇陛下の御利用実績はなく御召列車としては、クロ157が最初の形式となる。

　正確に御召電車の登場とするのは、E655-1（JRでは特別車両と呼んでいる）を待たなければならないのかも知れないが、御料車として設計されているので、クロ157がお初と考えても差支えないように思う。

　この貴賓車が、国鉄157系電車の仲間として製造された背景には、海外賓客の日光への

157系に連結して運用されたクロ157-1 山手線原宿 1979.6 (学)

現代のお召し電車E655系 特別車両を連結しないで団体臨時列車にも使用される 2010.9 (学)

旅行が想定されていた。当時の東京と日光を結んでいた列車が157系の準急「日光」で、これに併結するためだった。

157系は、クモハ＋モハのユニットを両端に置き、中間に付随車を挟む編成を組んでいた。そのため運転台を持つクロ157と組み合わせて最低3両編成が可能で、サロやサハを組めば、要人などの人数増加や長編成も可能であり、フレキシブルに対応出来るわけだ。実際に3両での運転もあったが、のちに故障発生を考慮してクロ157を中間とした5両での運転となった。同時に、クハ153に似た前面が顔を出す機会は無くなってしまった。

クロ157用に残されていた157系が、老朽化により廃車になると、同じ田町区所属（当時）の183系へ組成相手が変わり、1979（昭和54）年に引通し線改造のうえ使用されたが、183系も転出することになり、今度は185系に連結されることになった。

1985（昭和60）年に再度引通し線の改造を受け、同時に185系に合わせてクリーム色10号と緑色14号の現在の塗装となった。国鉄民営化後JR東日本へ引き継がれたものの1993（平成5）年を最後に使用されておらず、去就が気になるところだ。

客車列車で使用されていた1号御料車が登場から年数を経ており、新しい御料車を電車で製造することとなり2007（平成19）年E655系が誕生した。E655系は、通常は全車グリーン車のジョイフルトレイン「和（なごみ）」としての使用を考慮し、天皇陛下が御乗用される時は、3号車と4号車の間に御料車であるE655-1が連結され御召列車として使用される。形式からもわかるように交直両用であり、さらに機関車牽引で非電化区間の運用も可能となっている。但し、御料車は車種記号も用途記号も記されない、トップシークレット車両なのだ。

いまや当たり前の通勤電車に冷房車
京王帝都電鉄5000系

京王5000系　京王京王線柴崎〜国領　1993.5（学）

　夏の暑い時期、冷房は一家に1台。いや、1部屋に1台の時代だが、昔は超高級品だった。鉄道に冷房車がお目見えしたのは、1936（昭和11）年のことで、南海電気鉄道の電第9号形（電9形）のちの2001形が、冷房装置を搭載したことにはじまる。

　これは試験的に、クハ2802に搭載され、大変好評であった。そのため、ほかの2001形にも取り付けられたが、戦時体制に移行する当時の日本の情勢から「冷房とは何事か！」と指導を受け、翌年に残念ながら外されてしまった。このような事実からも、当時の冷房は、相当な高級品であったことがうかがえる。

　ところでこの頃、鉄道省スシ37850形（のちにスシ38形を経て、マシ38形）食堂車にも冷房が搭載された。こちらは、優等列車用であったためか、撤去の対象にはならなかった。そして戦後も、優等列車として1960年代まで活躍した。

　マシ38形以降は、太平洋戦争の影響を受け、冷房など贅沢品を搭載できる時代では無くなり、冷房の取付けが再開されたのは、戦後、特急など特別料金制の優等列車からだった。

　1959（昭和34）年、名古屋鉄道5500系が登

名鉄5500系　本線東笠松（廃止）〜笠松　1982.3.29（学）

場し、特別料金を徴収しない通常の電車で初めて冷房が搭載された。当初から、おもに優等列車に充当され、扉も片側2扉、クロスシート配備と通勤形電車的な要素が薄く、後発の7000系パノラマカーの補完的存在にもなった。

では、日常的なロングシートの通勤形電車には、いつ頃冷房が搭載されたのだろうか。1968（昭和43）年、京王帝都電鉄5000系の増備車に冷房が搭載され、これがロングシート通勤電車初の冷房車となった。5000系は、1963（昭和38）年に登場した片側3扉、全長18mの通勤型電車で、当時の京王線の主力の電車だ。スマートな車体デザインに、運転台のパノラミックウィンドウが、旅客にもレールファンにも好評を得ていた。

この年増備された冷房車は、4両編成2本と3両編成3本で、4両編成の1本5019編成が集中式冷房であるほかは、分散式で登場した。まだ、試験的意味合いも強かったが、乗客からの評判は良く、結果も概ね良好だった。冷房能力もある程度把握されたことから、このあとの増備車は、日立製作所製が集中式、日本車輌製造・東急車輌製は分散式として登場した。また、非冷房車にも冷房を取り付ける改造が行なわれるなど、積極的に冷房化を進めていった。

こうした背景には、国電中央線というライバルがあったからかも知れない。この京王帝都電鉄5000系を皮切りに、京阪電気鉄道2400系が続くが、まだまだ私鉄各社は慎重で、通勤形電車にも冷房車が普及し始めたのは、1970年代中頃に入ってからのことだった。

かつて長距離鉄道旅の楽しみだった
食堂車の栄枯盛衰

戦後初の新製国鉄食堂車スハシ38（客車） 1953（交）

　旅をする際、楽しみの1つに食事がある。
　現在では、移動中の列車内で食事をするには、事前にお弁当を用意したり車内販売を利用したりするのが当たり前になってしまった。
　駅で販売されるお弁当も、主要駅では相当な種類となり、選ぶ楽しみと車窓を楽しみながら食べるお弁当は格別だね。
　各地で異なるご当地駅弁なども決して悪くないが、出来立ての食事を提供していた食堂車の存在を忘れてはならないだろう。
　食堂車が誕生したのは、1899（明治32）年のこと。山陽鉄道でおもに1等車の旅客に対し提供したといわれており、一般の旅客が気軽に利用出来るものでは無かったようだ。
　高嶺の花であった食堂車が、一般の旅客でも利用出来るようになったのは、明治末期になってからだった。長距離列車を中心に食堂車が連結されるようになり、1938（昭和13）年には食堂業者が統合され、日本食堂が成立されるものの太平洋戦争により廃止になってしまう。
　戦後は、まず連合軍向けに食堂車が再開さ

れるが、一般旅客が利用出来る食堂車の営業が再開されるのは、1949（昭和24）年のことであった。

東海道筋の特急「へいわ」と急行「きりしま」に連結されたことを皮切りに、長距離列車を中心に復活し各地で連結されるようになる。

電車に食堂車が登場するのは、1958（昭和33）年に、特急「こだま」で誕生した20系（のちの151系）電車のモハシ21（のちのモハシ150）で、当初はビュフェという名称で立食による新しいスタイルでの供食がなされた。形式が示すとおり、半室は座席で中央にデッキを設けビュフェと区分されていた。ビュフェは軽食の提供で、一品料理もオードブルやサンドイッチ、トーストなどで飲物はビールをはじめカクテルやハイボールといった酒類が意外にも豊富だった。座席は設けられず、バーカウンターだけのショットバー的な発想だったのかも知れない。

本格的な食堂車は、1960（昭和35）年の151系のサシ151からで、半室が定員40名の食堂、半室が調理室となっていた。

その後、481系など特急電車には食堂車が、153、451系などの急行電車には半室ビュフェ車が連結されるようになった。

1964（昭和39）年の0系新幹線では、時間が短いこともありビュフェが採用され、本格的な食堂車は1975（昭和50）年の博多開業からとなった。

食堂車やビュフェも、昭和40年代後半から急速に陰りが見えはじめた。列車のスピードアップによって営業時間も短くなり、客離れが進んだほか、人件費の高騰などで食堂車が連結されていても、営業を休止する列車が現れだした。

国鉄民営化後も長らく食堂車は存続するも、2016（平成28）年の寝台特急「カシオペア」

1 特急「こだま」ビュフェ車モハシ21　1959.6（交）
2 国鉄481・485系サシ481形　1978.4（学）
3 国鉄451系サハシ451形半室ビュフェ車　1978.5（学）

を最後に、一般的な食堂車の歴史は幕を閉じてしまった。

純粋な一般旅客が気軽に利用出来る食堂車は途絶えてしまったが、最近では観光列車の登場で、予約制ではあるが、列車の供食を楽しめる。

この観光列車は人気を博し、各地で走りはじめている。列車供食設備が、車窓と食事を目的としたものに変わりつつあるのは、皆さんご承知のとおり。

人に優しい設備

昭和30年代は不思議だったのだろうか？
車内貫通扉のマジックドア

東武1720系のマジックドア　1981.11（学）

　人が近づくとセンサーが反応して自動的にドアが開く自動ドア。コンビニエンスストアやスーパーマーケットなどでよく見られ、今や当たり前の存在となっている。

　さまざまな構造の自動ドアが存在するが、店舗やオフィスの出入口などに用いられる一般的な自動ドアは、日本国内では昭和30年代に油圧式や空気圧式が開発され、1964（昭和39）年の「東京オリンピック」開催を契機に取り付けが進んだ。

　鉄道においては、1924（大正年）に、阪神電気鉄道371形の一部の扉にドアエンジンを搭載したのにはじまる。乗務員の操作によるホームでの乗降に用いるドア扱いで、人の接近を感知して開閉する自動ドアとは異なるものだ。

　こうした状況のなか、1960（昭和35）年、初めて貫通扉にこの機構を採用した電車が登場した。東武鉄道のDRC（デラックスロマンスカー）1720系で、マジックドアと称し、貫通扉を自動化したのだ。この名称は、当時人の接近で自動開閉するドアを、一部でマジックドアと称していたため。

　1720系登場の背景には、日光への観光輸送

東武1720系のサロンルーム
1981.11（学）

東武1720系「きぬ」
1981.11（学）

において、国鉄との競争が大きな要因だった。国鉄が東京～日光間に特急型に準じた設備をもつ157系電車を投入したことに危機感を抱き、これに負けない車両として開発された経緯がある。

DRCは、海外からの来客も多いという実績から、車内設備に関しても大柄な外国人用にシートピッチを広め、リクライニング機構を装備した。編成内にはサロンとビュッフェカウンターを設け、サロンにはジュークボックスを設置して音楽を楽しめるようにもした。

そして、両手に荷物を持つ旅行者が車内の往来を気軽に出来るようにマジックドアが設置されたのである。

当時の国鉄を代表する特急「こだま」151系も、デッキへの出入口扉や貫通扉は手動であり、客室扉を自動化するのは０系新幹線まで待つことになることからも、先見性のある的を得た発想だった。

マジックドアは、その後の各鉄道会社の車両設計においても多いに影響を及ぼしたことは間違いなく、特急型電車のように会社を代表する電車をメインに採用されることになっていった。

現在では技術も進み、ほとんどの車両にセンサー式による自動扉が設置され、音もかなり静かなものとなった。東武鉄道を代表する特急型電車に登場したマジックドアは、一見ジュークボックスなどの華やかな設備の陰に埋もれがちだが、実用性においては、最高の一品だったことは間違いない。

路面電車初の車椅子スペース
都電7000形更新車

都電7000形7001号赤帯復元塗装車　2016.4.15（学）

　現在では、バリアフリーに対する取組みが各事業者でなされており、ふだん鉄道を利用しても車椅子スペースを目にする機会は多くなった。

　鉄道車両に車椅子スペースを設置したのは、1974（昭和49）年に博多開業を控え、増備していた国鉄0系新幹線27形が、多目的室として個室を設置したのが最初とされる。この多目的室の最寄りとなる扉幅も、他車より拡張し、車椅子を降りることなく多目的室へ赴くことが出来るようになっていた。

　ふだんの足として日常的に使える電車に車椅子スペースが設けられたのは、1977（昭和52）年に登場した東京都交通局・都電荒川線の7000形更新車で、路面電車としても初めての試みだった。

　都電荒川線は、昭和40年代に全国の路面電車が衰退してゆくなか、ご多分に漏れず廃止予定となり、1972（昭和47）年、都電すべての撤去を完了する予定だったが、27番系統の三ノ輪橋〜赤羽間の一部である三ノ輪橋〜王子駅前間と32番系統の荒川車庫前〜早稲田間は、新設軌道がほとんどで代替バスによる輸送が困難であるため、27番系統王子駅前〜赤

京都市営地下鉄烏丸線
10系　2016.7.15(学)

普通鉄道車両初の車椅子スペース（京都市10系）　1981.6（交）

羽間を除き、廃止を見送ることとなった。

　利用者も多く存続希望の署名運動もあり、1974（昭和49）年に三ノ輪橋〜早稲田間を現在の運転スタイルとし、荒川線の名称が与えられ恒久存続を取り決めた路線だ。

　新7000形は、昭和50年代に入り施設や車両の更新工事を推し進めるなかで、1977（昭和52）年に登場した。足回りこそツーマン車体の7000形を再利用したものの車体は新製され、それまでの丸っこいスタイルから角形の近代的なスタイルとなった。前面は桟のない１枚ガラスで、車内は一部クロスシートになるなど、それまでの路面電車とは大きく異なる仕様だった。

　登場時は、ワンマンとツーマン両用の機能を持ち合わせていたが、実際はワンマン車として使用した。ホームのかさ上げによってノンステップとなり、車内もフラットになった

ことから車椅子スペースが設置された。この先見性などが評価され、「鉄道友の会」よりローレル賞が与えられた。

　2016（平成28）年現在、まだ荒川線で元気な姿を拝めるが、廃車が進み近い将来引退の日がやって来ると思われていた。しかし、今度は足回りを、荒川線の最新型車両8900形並に改造し、7700形として生まれ変わった。形式と車内が変わり小変化はあるが、まだ暫く荒川線で7000形の面構えを見られるようになった。

　このように、路面電車では都電7000形が初めて車椅子スペースを設置したが、新幹線以外の鉄道車両では1981（昭和56）年に登場した京都市交通局10系が最初で、市営地下鉄開業に合わせ誕生した。完全に新規で開業した地下鉄であることから、施設面でもバリアフリーが実現されている。

111

現在ではニュースやコマーシャルも流れる
車内案内表示装置

100系新幹線の一部に搭載されていたプラズマディスプレイ方式の表示装置　1985.3（学）

　新幹線を利用すると、必ず目に触れるものがある。客室とデッキ間にあるドアの鴨居部分に鎮座する電光掲示板だ。

　個人的な意見だが、「今日も、新幹線をご利用くださいまして、ありがとうございます。」このスクロールする文字を見ると、「あ〜、新幹線に乗っているんだな」という気持ちが高まり、これから出向く先での取材内容などの書類に目を通すことで、適度な緊張感が芽生える。

　ところで、この停車駅などを表示する車内案内表示装置、現在では停車駅の案内のみならず、ニュースやコマーシャルまでが流され、便利なところでは、他路線の運転状況まで表示してくれるようになった。

　車内案内表示装置の現在みられるものとしては、マップ式・LED（発光ダイオード）式・LCD（液晶ディスプレイ）式がおもなものだ。

　マップ式は、簡素な路線図の駅と駅間にLEDを仕組み、点灯や点滅をさせて、自列車の走行区間を表示するものだ。1980年代前半に、帝都高速度交通営団（現・東京地下鉄）の01系や02系で、営業用として本格的に採用された。それ以前には、他社局で試験的に設置されていた例もある。

都電8900形のフルカラー液晶式情報案内表示　2015.9（交）

JR東日本E353系量産先行車（中央本線特急用）のLED車内情報案内表示　2015.8（交）

　これとは少し趣が違うが、筆者は以前、1933（昭和8）年に製造された大阪市営地下鉄100形105号を見学した際に、運転台直後の鴨居部分に、電照式の案内表示装置が設置されているのを見た記憶がある。停車駅の案内表示装置としては、この大阪市営地下鉄100形が、日本で初めての例ではないだろうか？
　LED式は、文字列での表示から始まり、その後、フルカラー化されイラストやマークなども表現されるようになった。前面の行先表示機を含め、LED式を採用する例は非常に多い。
　LCD式にあっては、最新式の車両に多く採用され、文字やイラストのみならず、画像表示が出来るため、非常に多様な情報を旅客に提供できる。LED式のものをLCD式に付け替える社局もあるので、近い将来、主流になるはずだ。
　そのほかにも、プラズマディスプレイ式などもあり、100系新幹線の一部編成に搭載されていた。鴨居部分に、次の停車駅名と、その駅までの距離が赤い文字で表示される、という仕掛けを楽しみにしていた方も大勢いらっしゃるのではないだろうか？　あれが、プラズマディスプレイだ。
　しかし、LEDやLCDの優位さに押され、あまり多くの採用例は無かった。筆者としては、カウントダウンされる距離表示や、大井川通過時のプチ観光案内表示が、新幹線乗車中の楽しみの1つでもあったのだが……。

ロングシートの仕切り
どこに座れば良いのかわかりやすい

東急9000系　2013.2（学）

「座席はお詰め合わせいただき、1人でも多くの方が座れますよう、お客さまのご協力をお願い致します」——混雑する列車に乗ると、よく耳にする車内放送。とくに最近では、近郊区間でもロングシートだけで構成された車内レイアウトの車両が増えてきた。

ちなみに筆者の好きな国鉄113系の初期車では、ボックスシートと扉横の2名または3名のロングシートしか無かったので、余程お行儀の悪い人が多く乗車していない限り、座席の着席定員は守られていたと思う。

しかし、現代の車両は効率化という名のも

と、通勤形はもとより、300キロ近くを走破する中長距離の列車でさえ、ロングシートが当たり前になった。そこで、着席定員がやや不明瞭なロングシートに、定員分の旅客を着席させるアイデアが必要になってきた。有名なところでは、1979（昭和54）年に登場した国鉄201系の発想だ。

201系の4扉車のドア間にある7人掛けロングシートは、中央1人分の座面生地の色を変えて、3-1-3人掛けを強調することで、7人掛けの誘導を行なった。これは大変効果的で、当初は思惑どおりに7人の着席を実現

東急1000系客室内　2016.1（学）

できたが、経年とともに効果も薄れてしまい、車体更新の際などには趣を変え、座面生地に7人分の模様を入れるなど、効果の延命対策を図った。

1992（平成4）年に登場したJR東日本209系の量産先行車では、荷棚からのスタンションポールで、2－3－2と強制的に仕切る方式に変更した。

このように座席1人分の幅をもっと明確にする策を、早くから取り入れたのが東京急行電鉄だった。1986（昭和61）年に製造した9000系や8500系の増備車で、7人掛け座席を3－4で仕切る「板」を設置して着席定員の誘導を行なった。

そのほかに、1985（昭和60）年登場の国鉄211系では、1人分の座面を凹状にしたバケットタイプを採用し、最近ではJR東日本のE235系量産先行車で、座面腿部に凸部を設けた仮称「快適さを追求したシート」なども試行されている。

ところでJR東日本209系から、ロングシートと扉の間にも、やや大型な樹脂製の仕切り板が設置されている。これには窪みも付き、着席者の肩やひじなどには、幾分の余裕すら感じることができる。また、ドア付近の立席客との干渉も防げる。

開扉時の風雨からも守られ、着席者のストレスを軽減してくれる仕切り板ではあるが、この仕切り板にはさらに大きな目的がある。それは、列車が衝突した時の着席者の被害軽減である。

従来のポールによる仕切りでは、万が一の際に着席客数人の重さと、衝突エネルギー数tを点で受けてしまい、扉付近の着席者は大きな被害を受ける可能性があるが、仕切り板を有する場合、圧力を面で受け止めるので、そのぶん力学的に圧力は分散し、着席者への被害を軽減する可能性があるそうだ。

まさに、快適性と安全性を兼ね備えた装備といえよう。

車両を2通りに使える画期的システム
座席転換システム

座席転換途中の東武50090系車内　2013.6（交）

　鉄道総合研究所のリポートによれば、車内の快適性の40%は座席に起因するという記述がある。列車の座席は、進行方向に向いているクロスシートと、窓に背を向けた長椅子状のロングシートがある。

　クロスシートは、背擦りが高く、目の前に人が立つことも無く車窓なども楽しめ、快適な乗車が出来る。反面、立席客のスペースに乏しく、混雑すると乗降にも時間を要してしまう。そのため、おもに特急などの優等列車で使われることが多い。

　いっぽう、通勤電車に多いロングシートは、立席スペースが広く、乗降も容易になり、効率的だ。その代わり、混雑時には目の前に立つ人による圧迫感があり、車窓なども楽しむことが出来ない。それぞれ一長一短がある。

　参考までに、クロスシートは和製英語で、欧米の書物では、transverse seat（横向きの席）と記されることが多い。いっぽう、ロングシートは、longitudinal Seatを短縮したものが語源と思われる。

　ところで、このロングシートとクロスシートをスイッチ1つで転換し、列車種別に応じた運用を出来る画期的な電車がある。関東で

東武50090系
2008.3（学）

いえば、2008（平成20）年にデビューした東武鉄道東上線の50090系だ。日中はふつうのロングシートとして運転され、朝と夜の通勤時間帯にはクロスシート車として座席定員制「ＴＪライナー」の名称で運転される。

このほか、2017（平成29）年には、西武鉄道でも40000系と称される電車が登場し、その一部編成に座席転換システムが採用される予定だ。将来、他社線に乗り入れ、長距離運転も考えられることから、関東の私鉄通勤型車両としては異例の、トイレ付車も登場するそうだ。

また京王電鉄でも、2018（平成30）年に5000系という座席転換システムを搭載した新型電車の導入計画がある。夕刻からのラッシュアワーに快適な乗車時間を通勤客へ提供するため、日中は通常の通勤電車としてロングシート車として運転し、夜間の帰宅時間帯には、座席指定列車としてクロスシートで運転する、特急専用車両を持たない京王電鉄の、新しい顔となるべき電車のデビューだ。

ところで、この座席転換システムを日本で最初に実用化したのは、1996（平成8）年に2610系の2621編成を改造し搭載した近畿日本鉄道（近鉄）だった。面白いのは、関東の例とは逆で、日中の閑散時間にクロスシート、朝夕のラッシュアワーにロングシートとされ

近鉄5800系　2016.4（学）

近鉄5820系　2013.8（学）

る点だ。

この画期的なシステムは、非常に好評を博し、後発の5800系では新造時から同システムが搭載された。さらにクロスシート時は、ペダル操作で簡単に向かい合わせのシートアレンジも出来るような機能も追加された。その結果、確固たる地位を築き、L／Cカーという称号を手にしている。

写真には写りにくいが省エネ・省部品化に貢献
ＬＥＤ行先表示器

箱根登山鉄道2000形　宮ノ下　2014.5（学）

　最近では、列車の行先表示や列車標識、車側表示灯、車内の停車駅案内表示など、ＬＥＤ（発光ダイオード）が使われているのを当たり前の如く目にするが、このＬＥＤが車両に使われ出したのは、昭和の時代が終わりを告げる頃からだ。

　それまでの行先表示は、現在も健在の幕式によるものが主流であり、転属やダイヤ改正などで新規の行き先が登場すると、交換や幕への刷り込みが必要だった。

　たとえば国鉄の183系や103系、24系客車などの多くは最大70コマ、485系などでは40コマだったため、この作業の必要性は高く、すべて交換ともなれば手間もかかり、とくに特急列車などで使われた絵入りヘッドマークの幕の場合、多色刷りで通常の幕よりコストがかかるわけだ。

　ＬＥＤの歴史は意外にも古く1962（昭和37）年には開発されていたものの、最初は赤色のみで1972（昭和47）年に黄色といった具

651系（「スーパーひたち」時代）　常磐線高浜〜石岡　1993.1（学）

合で、なかなか鉄道での実用化までには時間が掛かった。現在では、かつて不可能といわれていた青色や白色が発明されたことから、ほぼフルカラーも可能になり、その利用が急速に進みつつある。

このLEDを車両の行先表示に初めて採用したのは、1988（昭和63）年に誕生したJR東日本の651系電車で、ヘッドマークや後部標識灯などがLEDとなった。

651系では、ヘッドマークのLED化がいちばん目につく部分だが、側面の行先表示器は従来どおりの幕式で、2016（平成28）年現在も変更されていない。LED化したヘッドマーク部分をフルに活用し、列車名はもちろん、「スーパーひたち○号」のように号数も表示出来るようになり、とくに上野駅の頭端式ホームでは威力を発揮した。

LEDは、異なる絵柄の交互発光も可能なため、幕式のように1つの情報だけを伝えるのでなく、1カ所で複数の情報を表示出来るメリットもある。

651系の翌年には、箱根登山鉄道2000系が登場し、こちらは行先表示がLED化された。まだこの時代は、先にも記したように青色や白色LEDは開発前で、現在のように多色発光が出来なかったが、この時代を境に事業者によっては積極的に取り入れられていった。

LEDは行先表示ばかりではない。車側表示灯や後部標識灯といった赤色発光部分には、早い時期から新製車両以外の車両にも交換によって取り付けられた。

現在では、車内の蛍光灯もLED化されている車両が登場し、LEDをいっさい使われていない車両を見つけるのが難しいくらいにまで普及した。それまでの道のりは意外と長かったが、今後も急速に使用する車両が増えることが予想される。

幕式の行先表示幕が、始終端でクルクル回わり色々な行き先が見られたのも、貴重な思い出になる日もそう遠くないのかも知れない。

かなり希少になってきた
イラスト入りヘッドマーク

国鉄時代の185系「踊り子」 東海道本線真鶴　1986.7（学）

　1978（昭和53）年10月のダイヤ改正、レールファンにとって忘れられない出来事がある。それは、国鉄幕式特急列車のヘッドマークにイラストが入ったことだ。
　当時の国鉄は、新幹線は東京〜博多間のみで、まだまだ特急列車が、在来線にたくさん走っていた時代だ。
　また、ブルートレインがブームになり、小中学生を中心に写真撮影が流行していたため、ヘッドマークのイラストは、嬉しいプレゼントになったわけだ。
　このイラストが好評であったことから、幕式以外にも、キハ82・キハ181や、ボンネット型の181・485系などのような交換式ヘッドマークの一部にも、イラスト入りが波及した。よくよく考えてみると、たび重なる国鉄の運賃改正によって発生した鉄道離れを防ぐちょっとした秘策だったのかも知れない。
　とにかくこれを期に、駅ではこれまで以上に写真を撮ろうと小中学生が集まり、絶頂の賑わいを見せた。こうした国鉄時代に設定されたヘッドマークのイラストも、特急列車自体の廃止や使用車両の変更によるヘッドマークの廃止、さらにはイラストの変更などもあり、国鉄時代とまったく同じデザインのものはほとんど残っていないのが、残念な現状である。
　近年まで「くろしお」「北越」などが見ら

国鉄時代の九州気動車準急列車用にデザインされたイラスト入りヘッドマーク 1961.9（交）

れたが、これも使用車両の変更、または廃止で消えてしまった。1978（昭和53）年の発足当時とすべてが同一であり、国鉄時代に製造された車両で見られるのは、2016（平成28）年現在、定期列車では既に存在しないという寂しい状況だ。

なお、ＪＲ発足後の車両ではあるが、383系「（ワイドビュー）しなの」はイラストを引き継いでいる。また、不定期の臨時ながら中央本線の「あずさ」「かいじ」に189系が使用され、イラストマークを目にすることがある。

こうした状況のなか、1981（昭和56）年、イラストマーク発足の３年後に登場した185系「踊り子」は、Ｌ特急標記などの有無の差はあれ、国鉄時代とほぼ同じデザインの幕式ヘッドマークが健在である。さらに嬉しいことに近年は、車内の塗装も緑色の斜め線が入った国鉄時代に戻り活躍している。最大15両編成という長編成で走る姿は、特急列車として貫禄じゅうぶんで、今や貴重な存在だ。

また381系「やくも」も塗装は変わったが、国鉄時代に電車化されて以来のイラストマークが使用されており、こちらも貴重な存在だ。

2016（平成28）年４月現在、国鉄時代に製

モチーフとなった川端康成の小説は『伊豆の踊子』で「り」は入らない 2013.3（交）

造された車両で、幕式マークを装備している車両を調べてみた。波動用も含めると、電車は189系、185系、381系、583系、気動車はキハ183系で、今後リバイバル運転などの際は、懐かしいイラストを見られる機会があるかも知れない。

乗り物には遊び心が大事
LEDイラスト入り行先表示

幕式方向幕の江ノ島電鉄2000形　2016.9（学）

　120ページでも書いたように、特急列車などでは愛称名を、イラストを添えたヘッドマークや前面幕で掲示しており、華やかな優等列車の必需品の1つだった。

　しかし、時代とともにそれらは、液晶画面や単色のLEDなどに様変わりしていった。そして、単色ではイラストを表現し難いために、愛称だけを表示するものや、愛称表示そのものを無くしてしまう車両も現れ、やや味気のない車両が走る時代になってゆく。

　優等列車だけではなく、我々がふだん利用する通勤電車でも同様に、行先表示などが「幕」からLED表示に代わってきた。青色や白色のLEDが発明されるとフルカラーの表示が出来るようになり、車両も行先表示などをフルカラー化し、視覚による誤乗防止に役立った。

　ところで、前面の行先表示に、イラストを入れた例がある。最近でいえば、山手線用E235系だ。正面上部の表示機に、季節に応じた花のイラストを入れている。小技の効いた演出である。

　このフルカラーLED表示にイラストを入れたのは、E235系が初めてではない。LED

江ノ島電鉄1000形
2016.9（学）

車端部の表示器にさまざまな模様が出現するJR東日本E235系
2015.11（交）

　前面行先表示で、最初にイラストを入れて運転されたのは、江ノ島電鉄1501号である。もともとは、「幕」を使用していた同車だが、2013（平成25）年に大規模な修繕工事を受けた際に、前面行先表示がフルカラー化され、花のイラストや、江ノ電のイメージキャラクター「えのん」、さらには、お正月用に年頭の挨拶文が入ったイラストまで用意されるようになり、その後、1000形系列各車にも波及した。

　江ノ電に取材したところ、機器はK社製らしいが、K社のホームページを見ても、納入事例先として、江ノ島電鉄の表記は無い。この事から、先行製造（メーカ試作）の可能性も大きく、そのために、花のイラストのみならず、そのほかのイラストが大胆に挿入されているのかもしれない（何しろイラストが、2画面交互に表示されるのだ）。

　ところで、この行先表示にイラストを入れる手法、江ノ電では以前より「幕」でも採用している。とくに季節に応じた花のイラストを入れている点では、現在のフルカラーLEDのアイデアの源であろうし、それこそJR東日本E235系の前面表示の先がけともいえるかも知れない。

　江ノ電2000形は、1990（平成2）年から導入された電車だが、就役当時から前面の行先表示に季節ごとの花をあしらった幕が用意されていた。山手線でメジャーデビューを飾ったサービスは、じつは江ノ電から始まった、心憎いサービスなのだった。

殺伐とした通勤風景に一筋の光明
ハートの吊り手

都営地下鉄新宿線10-300形4次車　2015.5（交）

　つり革は、通勤通学の電車にとって大事なパーツだ。無くてはならないパーツでありながら、非常に地味だ。以前は、動物の皮革を用いていたので、つり革と呼ばれていたが、現在の鉄道分野では吊り手という。

　ところで、この吊り手の歴史は車両と同じでかなり古い。資料などで調べると、1870年頃の馬車鉄道には天井からぶら下がる、ベルト状の吊り手が確認できる。1900年頃からは、各国の鉄道車両に、牛革を輪状にした吊り手が立席客の支持具として、装備されていることが確認できる。

　日本に限って調べると、明治時代には牛革を使い、握り部分を輪状にしたものが多く、大正に入るとベルト部分に牛革、握り部分に籐（ラタン）を使ったものまで登場している。その他にも、木・竹・セルロイドなどさまざまなものを使い、握りやすく身体を保持し易いものが試されていたようである。

　変わったところでは、1927（昭和2）年、東京地下鉄道1000形に採用されたリコ式という吊り手がある。これは、吊り手をホーローやベークライトで作り、使用しない時はバネで跳ね上がるというものであった。ニューヨ

京王井の頭線1000系の一部にみられる吊り手　2013.5（学）

ークの地下鉄で採用されていたもので、牛革よりも衛生的である、との考えから採用したようだ。

　戦後は、牛革に代わり芯を入れた布に塩化ビニル樹脂を浸透させたものをベルトに採用、握り手はユリア樹脂製の丸型が主流となったが、ポリカーボネート製のほうがより耐衝撃性が高いことが判り、1970年代から次第にポリカーボネート製にとって代わられた。かたちも、丸形から始まり、おにぎり形や楕円形、二等辺三角形、キャラクターを模った物など、多くの種類が試行された。

　そのなかで、変わり種としては2010（平成22）年頃から、伊豆箱根鉄道と富士急行の二社で、ハート型の吊り手を作り、こっそりと全車両のなかで1カ所だけに設置している。

　吊り手といえど、車両に設置する構成部品の1つであることから、当然のことではあるが難燃化が絶対条件である。そのために、素材はジェラルミンで作られ、ハートらしくメタリックピンクに塗られているが、その塗料も難燃化の素材が選ばれ使用されている。

　このハート型の吊り手は、正式に運輸局の認可も得ているので、正にお墨付きの立派な吊り手なのだ。このハート形の吊り手の写真が、利用者などからＳＮＳ（ソーシャル・ネットワーキング・サービス）を通して全国に拡散した。そして、この吊り手見たさに利用客が増えたという。現在では、京王電鉄や西武鉄道、京浜急行電鉄など大手を含めた鉄道会社にハートの吊り手が拡散している。

街に溶け込んだような日本初のLRT
富山ライトレールTLR0600形

岩瀬運河を渡る富山ライトレールTLR0600形TLR0603編成"はなちゃん" 2014.7（学）

　富山ライトレールは、2006（平成18）年2月までJR西日本で運行されていた富山港線を引継ぐかたちで開業した。事業者は、第三セクター鉄道の富山ライトレールで、日本で唯一、LRT（Light Rail Transit）に近い形態で運行されている。

　富山駅前は、一部道路上に軌道を敷き、車両もJR時代に使用されていた20m級の車両から路面電車用の超低床電車に切り替えた。

　同線では、プラットホームから乗降、及び車内の移動も、段差のない完全なバリアフリーが施されている。

　車両は、TLR0600形という超低床車両で2車体2台車の連接構造、全長は18mだ。路面電車としての併用軌道では交通法規に従い、普通鉄道としての専用軌道では、最高運転速度が60km/hに設定されている。

　外観のデザインは、海外のLRT車両をイメージしており、編成ごとに白地に7色（レッド・オレンジ・イエロー・イエローグリーン・グリーン・ブルー・パープル）のアクセントカラーをまとっている。この7色のアクセントカラーは、乗降口にも配しており、安全性への配慮として分かりやすく機能性の高

富山市牛島町交差点を曲がる
ＴＬＲ0602編成 "もぐくん"
2014.7（学）

富山駅北口に近づくＴＬＲ
0605編成 "えこくん"
2014.7（学）

いデザインになっている。

　内装の基本色は落ち着いたライトグレーだが、シートは人間や環境への優しさをイメージしたグリーンを採用している。

　前頭部は、下部から屋根に向かって緩やかな斜傾となっており、丸みのある可愛らしい形状となった。客室内は大きな窓によって開放感があり、さらに蛍光灯は半間接照明を採用することで、光源から天井や壁面に光を反射させ、車内空間を柔らかい光で包み、明るく心地良い空間を演出している。

　2016（平成28）年4月30日からは、富山ライトレール開業10周年記念にあたり、ラッピング電車が運転されている。車体に大きなシンボルマークと10thの文字が描かれ、全周にわたってリボンの絵柄が施されている。また、4月28日には富山駅北停留場にてセレモニーが行なわれた。車内ではこれまでの富山ライトレールの軌跡が、パネルなどで紹介された。なお、この10周年記念ラッピング電車は、同年8月末まで運転された。

　富山ライトレールは、ＪＲ時代の旧富山港線に比べ、利用者が格段に多くなり、開業当時からの総利用客数は1926万人となった。

　富山ライトレールの成功を機に、日本でも地方都市を中心にＬＲＴや路面電車の見直し化が長らく検討されているが、なかなか実現には至らない……。これからの時代に有益なＬＲＴ化や超低床電車が普及してくれることを切に願う。

[著者プロフィール］

渡部史絵 鉄道の有用性や魅力を発信するため、鉄道に関する書籍の執筆や監修に日々励む。月刊誌や新聞等への執筆活動を主体に、国土交通省をはじめ、行政機関や大学、鉄道事業者において講演活動等も多数行なう。
おもな著書に、『鉄道なぜなにブック』（交通新聞社児童書）、『首都東京 地下鉄の秘密を探る』（交通新聞社新書）、『譲渡された鉄道車両』、『路面電車の謎と不思議』（東京堂出版）、『鉄道のナゾ謎100』、『鉄道のナゾ謎99』（ネコ・パブリッシング）、『進化する路面電車』（交通新聞社新書）など多数。

写真協力：結解　学
　　　　　『鉄道ダイヤ情報』編集部
　　　　　交通新聞サービス株式会社

DJ鉄ぶらブックス016
電車の進歩細見

2016年10月31日　初版発行

著　　者：渡部史絵
発 行 人：江頭　誠
発 行 所：株式会社交通新聞社
　　　　　〒101-0062
　　　　　東京都千代田区神田駿河台2-3-11
　　　　　NBF御茶ノ水ビル
　　　　　☎ 03-6831-6561（編集部）
　　　　　☎ 03-6831-6622（販売部）

本文DTP：パシフィック・ウイステリア
印刷・製本：大日本印刷株式会社
　　　　　（定価はカバーに表示してあります）

©Shie Watanabe 2016
ISBN978-4-330-73116-2

落丁・乱丁本はお取り替えいたします。
ご購入書店名を明記のうえ、
小社販売部宛てに直接お送りください。
送料は小社で負担いたします。